新・数理/工学ライブラリ [応用数学＝5]

# 数値解析の初歩

—C言語と数式処理系 (Maxima, Python) による—

行木 孝夫 著

数理工学社

## 編者のことば

21 世紀に入って基礎科学や科学技術の発展は続いています．数学や宇宙や物質に関する様々な基礎科学の研究から生活を支える様々な製品や機器や，エネルギー，バイオ，通信，情報理論に関する工学的研究まで様々な進展が見られます．微分積分学が創始された 17 世紀以降において数理的な諸科学では数式や数学理論が学問を基礎や側面からその発展を支えています．そしてこれからも続いていくことでしょう．近年，理工系分野では日本人の貢献は特筆すべきものがあり，それもベテランから若い人まで広い世代によってなされ，いくつかの仕事は世界的に広く認識されて非常に誇らしく感じています．日本の科学技術研究のこれらの流れは今後も続いていくことが期待されます．この「新・数理/工学ライブラリ［応用数学］」はこのような科学や技術の分野における人の育成に貢献していくことを目的に考えられました．大学の理工系学部では，基礎課程において数学の科目が多く課されています．微分積分学の理解が第一に大事な学力の基盤となりますが，それに続いて学ぶべき科目としては微分方程式入門，複素関数論，ベクトル解析，フーリエ解析，数値解析，確率統計などが重要な科目となります．これらはいずれも昔から理工系の専門基礎科目として伝統的なものですが科学が進んでも重要度が下がることはありません．何かの研究や技術において何か革新が起こる際には実はその課題の根本から見直されるからです．そしてまた，それを成すのは既存の枠から外に出て基礎から全体を自由に見直すことができる人で，数学力がその人を支えます．この応用数学ライブラリがそのような人々を育成することに大いに役立って行くことを望んでいます．

神保秀一

# はじめに

スマートフォン，タブレット，様々な機器に組み込まれたコンピュータ，私たちの生活はコンピュータに囲まれているものの，普段はコンピュータの動作原理を意識することがない．例えば，初めて訪れた土地であっても GPS 情報によって位置を知り，地図情報と照合することで迷うことなく目的地に到達できる．スマートフォンの地図アプリケーションの恩恵である．

GPS によって位置を知ることができるのは GPS 衛星が送信する情報から地球上の位置を計算できるからであり，これにはスマートフォンの内部で高度な数値計算が行われているからでもある．ロケットによる人工衛星の打ち上げも数値解析なしには実現しない．軌道計算には微分方程式を解く必要があり，これも数値解析の役割である．携帯電話の基地局を効率的に配置する問題なども電波の強度や障害物を勘案して最適な配置を計算する必要がある．この問題は携帯電話事業者の損益を決める重大な問題であり，やはり数値解析が活躍する．キャラクターが動き回るゲームでも，キャラクターの動きを本当らしく見せるには，数学的な裏付けのある動きを取り入れなければならない．例えば，飛び跳ねるキャラクターの動きには放物線を取り入れると重力の作用を反映し，この放物線は時間の 2 次式で表現できる．うまく 2 次式の係数を決めればキャラクターの動きを本物らしく設計できるだろう．2 次式に時間を代入すればキャラクターの座標が決まるわけだが，この計算はプログラムの役割である．このような処理は数値解析を学習していると比較的やさしい．検索サイトの検索結果が膨大なインターネット空間から適切に表示されることは今や当たり前であるが，1990 年代末から 2000 年代初頭にはそうではなかった．ここにも数学の定理を背景とした数値解析が輝いている．

プログラム言語を知ることがコンピュータの動作を意識する第一段階であれば，数値解析を知ることは次の段階と言えるだろう．本書では C 言語や Java 言語など手続き型の高水準言語による計算機プログラム作成を学習した読者が数値解析を実際に必要とする場合の入門的な内容を扱っている．例として扱うプログラム言語は規格が確立しているC言語とし，別に数式処理が可能なオープンな処理系であるMaximaを併用した．同時にPythonの数式処理パッケージを紹介している．Maximaを併用した理由は，数式処理に関する参考書が市販のソフトウェアを対象とするものに限られており，フリーソフトウェアによる数式処理を扱う参考図書が少ない点，数値解析の前段階として，問題とする対象を数式処理によって式変形する試行に取り組みやすくすることにある．また，Pythonを紹介した理由もモジュールを利用してプログラムを短時間で完成させることで問題を深く理解することに集中することにある．

数値解析を必要とする多くの場合，現代では，問題と自分の能力に応じて最適なプログラム言語を選択することが求められる．C言語で全ての処理を記述するべき必然性は薄く，Maximaの他にもPython, R等を利用すれば効率的に処理を進められる．そのような場合でも，個々の処理系において採用しているアルゴリズムを理解しつつ利用することは重要である．本書では必要な数学的背景を可能な限り示し，C言語によってプログラム例を与えた．プログラム例はまず主要部を空欄とし，のちに完全な例を示す．これは読者のプログラム能力を向上するために空欄で立ち止まって自ら考えることが有効だと考えるからである．また，数式処理系MaximaとPythonに関してそれぞれ章を設け，数式処理を利用したプログラム作成に触れることにした．複雑な式変形や導関数の計算などに利用するだけでも効果的であり，また，関数のグラフを描画する際にも有効に使える．新しいプログラム言語に触れる際は，変数の使い方や制御構造の書き方などをまず覚えれば難しいことはない．そのような経験を積んでもらいたい．

本書の内容は北海道大学における1, 2年生を対象としたプログラム入門演習，千歳科学技術大学における2, 3年生を対象とした数値計算入門演習で取り上げたものを中心としている．数学的な背景およびプログラム作成に不慣れな読者にも配慮し，本書内で完結するように構成した．特に，完全なプログラム例をすぐに与えるのではなく，段階を踏んでプログラムを提示するような構成とした．これは，多くのプログラム入門者にとって試行錯誤を繰り返すことが発想の外にあることに配慮している．数学的な内容についてはなるべくていねいに式変形などを与えた．これらについては，数学の理解は深い一方でプログラム作成に不慣れな学生，プログラム作成に習熟していても数学を敬遠しがちな学生の双方への授業経験によるものである．また，線形代数は大学で初めて学ぶ概念となっている一方で必ずしも必修科目となっていない大学もあることを考慮した．

一般にC言語のプログラムを作成する際はmain関数に最小限の処理のみを書き必要な処理を複数の関数に分割して記述するべきである．しかし，本書のプログラム例では説明の都合のためmain関数に主要な処理を書き，それを演習問題で書き直す方針とした．章末の演習問題については解答例のプログラムをサポートページからダウンロードできる．

数学およびプログラミングの初学者にとって，数値解析に関わるアルゴリズムを理解するために本書が何らかのきっかけを提示することができれば幸いである．

2021年5月

行木孝夫

# 目　次

---

・本書に掲載されている会社名，製品名は一般に各メーカーの登録商標または商標です．
・なお，本書では ™，® は明記しておりません．

サイエンス社・数理工学社のホームページのご案内
https://www.saiensu.co.jp
ご意見・ご要望は　suuri@saiensu.co.jp　まで．

# 第 1 章
# 数値解析とは

数値解析とは何らかの数学的な問題の解を近似的に求める手法である．

方程式の解を求める場合，数学的な演算のみで厳密に解を求められることは多くない．また，3 次方程式のように解の公式があってもそれを用いることは現実的でない場合もある．

しかし，応用上は何らかの形で厳密な解に近い値を求める必要がある．このとき，なるべく効率的に解の近似的な値を数値的な手法で求める．「近似的な」という表現は一見して曖昧な印象を受けるかもしれないが，$a < x < b$ を満たす範囲に解 $x$ があるような $a, b$ を求めることができれば $b - a$ が応用上必要な精度を満たしている限り十分な「近似」である．この $a, b$ を厳密に保証した上で計算機プログラムを用いて具体的な $a, b$ の値を求めればよい．このような考え方は，方程式の解に限らずあらゆる数学的な問題を考える際に有効な考え方である．

## 1.1 計算機における数値表現

ディジタル型の計算機では数値表現に 2 進数を使う．電圧が 0 V から規定の電圧以下の場合を “0” と定め，規定の電圧以上の場合を “1” と定める．2 進数 4 桁を 16 進数 1 桁で表現することが多い．16 進数の表記に際しては 10 以上 15 までの数にアルファベットの a から f までを対応させる．

2 進数 1 桁を 1 bit（ビット），8 bit を 1 byte（バイト）と表記する．

正の整数値は 2 進数をそのまま使えばよい．負の整数値を扱うには工夫が必要である．整数値として扱う bit 数は処理系によって異なるが，この節では 4 bit で与えておこう．一般には 32 bit である．

4 bit で 5 を表示すると 2 進数 4 桁であるから 0101 になる．$-5$ を 2 進数で表してみよう．$-5$ は 5 との加算で 0 になる数であるから，2 進数で表現しても $5 = 0101$ に加算して 0 にならなければならない．そのような数を作るために，まず 0101 を bit ごとに反転させ，2 進数 1010 を作る．$1010 + 0101 = 1111$ となる．$1111 + 0001 = 10000$ であるから，0101 を bit ごとに反転した 1010 に 0001 を加えた 1011 は $1011 + 0101 = 10000$ を満たす．この結果は 4 bit に桁上がり（オーバーフロー）1 桁をとる 5 bit の 2 進数であり，下 4 bit は 0 であるから $-5$ の条件を満たしている．

このような負の数の表記を 2 の**補数表現**という．2 の補数表現が有効な範囲を定めると，4 bit の正の数として下 3 桁のみを用いることになる．正の数の範囲は $1 = 0000$ から $7 = 0111$ となり，負の数の範囲は $-1 = 1111$ から $-7 = 1001$ となる．特に，$1000 = -8$ とする．以上から，最上位桁の第 4 桁が 0 であれば正，1 であれば負となる．従って，最上位桁が符号を表す．n bit の整数であれば最上位桁である第 n 桁が符号を表す．

加算，減算は通常の数の加減算と同様である．2 進数の場合，乗算は bit ごとのシフトによって与えられる．乗算の例として $5 \times 3$ を考える．$5 = 0101$ と $3 = 0011$ の積である．$0101 \times 0011 = 0101 \times 0001 + 0101 \times 0010$ であり，$0101 \times 0001 = 0101$ と $0101 \times 0010 = 1010$ をくらべると，後者は前者を右に 1 桁ずらした（シフトした）形になっている．従って，2 個の 2 進数 $a, b$ の乗算 $a \times b$ は，$a$ をシフトした値の加算で表すことができる．これはディジタル型の計算機がアナログ型の計算機を凌いだ理由の一つである．

計算機の記憶域は有限であるから実数値，特に無理数値をそのまま扱うことはできない．実数値を通常は**浮動小数点数**として扱う．浮動小数点数は仮数部と指数部の積として表現する．仮数部は絶対値 1 未満 0.1 以上の規定精度小数として，指数部は 2 のべき乗で与えられる．仮数部の値によって各桁の値が決まり，指数部の値によって小数点の位置が確定する．もちろん無理数を表現できるわけではなく，適切な有理数として打ち切ることになる．64 bit の倍精度浮動小数点数，32 bit の単精度浮動小数点数，16 bit の半精度浮動小数点数，128 bit の四倍精度浮動小数点数がある．倍精度，四倍精度は精度の重要な科学技術計算に，単精度，半精度は 3 次元グラフィクス（端的にいえばゲームなど）などに利用されることが多い．

倍精度浮動小数点数，単精度浮動小数点数の各 bit は 1 bit の符号と仮数部，指数部に分けられる．倍精度であれば仮数部 52 bit，指数部 11 bit であり，単精度なら仮数部 23 bit, 指数部 8 bit である．仮数部 $a$ は 2 進小数，指数部 $b$ は符号付き整数であり，$a \times 2^b$ という形になる．出力時にはこれを 10 進に変換して出力される．

処理装置によって，非零として扱える最小の浮動小数点数が決まっている．これを**計算機イプシロン**とよぶ．絶対値が計算機イプシロンを下回る数は 0 として扱われる．

円周率 $\pi$ や自然対数の底 $e$ などの数学定数はインクルードファイル `math.h` において倍精度浮動小数点型の精度限界まで定義されている．`math.h` における数学定数の定義部分から自然対数の底と円周率を示す．

**math.h における自然対数の底と円周率の定義**

```
#define M_E  2.7182818284590452353602874713526625O
#define M_PI 3.14159265358979323846264338327950288
```

倍精度浮動小数点数の精度と数学定数を確かめるプログラム例を示す．6 行目に double 型の変数 x へ $1.0 \times 10^{-324}$ を代入し，7 行目でそれを出力している．8 行目では同様に $1.0 \times 10^{-323}$ を代入し，9 行目で出力している．11 行目と 12 行目では `math.h` 内で定義されている自然対数の底の値と円周率の値を出力している．

```
#include <stdio.h>
#include <math.h>
int main()
{
  double x;
  x=1.0e-324;
  printf("%.18e\n",x);
  x=1.0e-323;
  printf("%.18e\n",x);
  //自然対数の底と円周率の出力
```

```
  printf("%.18e\n",M_E);
  printf("%.18e\n",M_PI);
}
```

出力結果は次の通り．$1.0 \times 10^{-324}$ は 0 と扱われている．また，自然対数の底と円周率も 15 桁で精度が落ちていることがわかる．これらの結果は環境によって異なる場合がある．

出力結果

```
0.000000000000000000e+00
9.881312916824930884e-324
2.718281828459045091e+00
3.141592653589793116e+00
```

このように，数値解析では浮動小数点数の精度に注意してプログラムを作成する．

## 1.2 丸め誤差

数値計算において注意する点が**丸め誤差**である．浮動小数点数のように数値を有限の桁数で表すから**有効桁数**に注意する．

例えば，有効桁数が 4 桁であれば，121.1 は小数第 2 位よりも小さな桁に意味を持たず，0.01211 であれば小数第 6 位よりも小さな桁に意味を持たない．この 2 数の和は 121.1 の小数第 2 位が不明であるから $121.1 + 0.01211 = 121.1$ と理解しなければならない．

特に減算を含む演算では有効桁数の減少にも注意する．4 桁の有効桁数を持つ 2 数の減算 $121.2 - 121.1 = 0.1$ において，減算結果 0.1 の有効桁数は 1 となってしまい，値の近い数を減算した結果として有効桁数が減少している．このように減算による有効桁数の減少を**桁落ち**とよぶ．

減算による桁落ちが生じる例として，2 次方程式 $ax^2 + bx + c = 0$ の解の公式を例にとろう．

$$\frac{-b \pm \sqrt{b^2 - 4ac}}{2a}$$

分子の $-b + \sqrt{b^2 - 4ac}$ を考える．$\sqrt{b^2 - 4ac}$ は $b$ が $4ac$ よりも十分に大きい場合は $|b|$ 程度の値となり，$b > 0$ であれば $-b + \sqrt{b^2 - 4ac}$ は 0 に近い値となる．このとき，$b$ と $\sqrt{b^2 - 4ac}$ の精度が相殺して，丸め誤差が発生してしまう．減算に伴う丸め誤差の発生を避けるには，分子を有理化して

$$\frac{-b + \sqrt{b^2 - 4ac}}{2a} = \frac{4ac}{2a(-b - \sqrt{b^2 - 4ac})}$$

と変形すればよい．同程度の値を減算することによる丸め誤差が現れない形になっていることが確かめられる．

数値計算の過程で具体的に丸め誤差が現れる例は数値積分の章（4.4.3 項）で示す．

## 1.3　数学的な準備

本書で用いる最低限の数学について線形代数学と微分積分学から準備しておく．

### 1.3.1　ベクトルと行列

数学系の科目の開講状況によってはベクトルと行列の演算に慣れていないことも多いと考えられるため，ベクトルの演算と行列の演算をまとめておく．ベクトル，行列の添字は C 言語の配列要素の添字に合わせて 0 から始める．これは 1 から始めることもできるから，読者の流儀に合わせてプログラム例を修正してみるとよい．

ベクトル

$$\boldsymbol{v} = (v_0, v_1, \ldots, v_{n-1}) = (v_i)_{i=0}^{n-1}$$
$$\boldsymbol{u} = (u_0, u_1, \ldots, u_{n-1}) = (u_i)_{i=0}^{n-1}$$

と定数 $a, b$ について，ベクトルの定数倍と和は成分ごとに定数倍と和をとる．

$$\begin{aligned} a\boldsymbol{v} + b\boldsymbol{u} &= (av_0 + bu_0, av_1 + bu_1, \ldots, av_{n-1} + bu_{n-1}) \\ &= (av_i + bu_i)_{i=0}^{n-1} \end{aligned}$$

ベクトル $\boldsymbol{u}, \boldsymbol{v}$ の**内積**については成分ごとに積をとり，その総和をとる．

$$(\boldsymbol{u}, \boldsymbol{v}) = u_0 v_0 + u_1 v_1 + \cdots + u_{n-1} v_{n-1} = \sum_{i=0}^{n-1} u_i v_i$$

$n \times n$ 行列 $A = (a_{ij})_{0 \leq i \leq n-1, 0 \leq j \leq n-1}$ と列ベクトル $\boldsymbol{v} = (v_i)_{i=0}^{n-1}$ について $\boldsymbol{u} = A\boldsymbol{v}$ とおく．$\boldsymbol{u}$ の成分について

$$u_i = \left( \sum_{j=0}^{n-1} a_{ij} v_j \right)_{i=0}^{n-1}$$

である．

$n \times n$ 行列 $A = (a_{ij})_{0 \leq i \leq n-1, 0 \leq j \leq n-1}$ と $B = (b_{ij})_{0 \leq i \leq n-1, 0 \leq j \leq n-1}$，定数 $a, b$ について，$aA + bB$ は

$$aA + bB = (aa_{ij} + bb_{ij})_{0 \leq i \leq n-1, 0 \leq j \leq n-1}$$

であり，積 $AB$ は

$$AB = \left(\sum_{k=0}^{n-1} a_{ik} b_{kj}\right)_{0 \le i \le n-1, 0 \le j \le n-1}$$

である．

$n \times n$ 行列 $A$ について，

$$AB = BA = E$$

を満たす $n \times n$ 行列 $B$ を $A$ の**逆行列**とよび，$A^{-1}$ と書く．$E$ は**単位行列**とよぶ特別な行列で，対角成分のみ 1，他の成分は 0 となる行列である．

### 1.3.2　テイラー展開

初等関数についての**テイラー展開**は方程式の数値解や数値積分，微分方程式の数値解の誤差評価に必ず用いるから，ここで確認しておく．関数 $f(x)$ が適切な条件を満たすとき，$x = a + h$ での関数値 $f(a+h)$ を $h$ の多項式で表すものである．$h^n$ の係数が $f(x)$ の $n$ 階の導関数によって

$$\frac{f^{(n)}(a)}{n!}$$

と書けることが重要である．

テイラー展開の極限形

$$f(a+h) = \sum_{k=0}^{\infty} f^{(k)}(a) \frac{h^k}{k!}$$

および，$n$ 次の項までで打ち切った形

$$f(a+h) = \sum_{k=0}^{n} f^{(k)}(a) \frac{h^k}{k!} + o(|h|^n)$$

を多く用いる．和の記号を開くと次の通りである．

$$f(a+h) = f(a) + f'(a)h + f''(a)\frac{h^2}{2!} + \cdots + f^{(n)}(a)\frac{h^n}{n!} + \cdots$$

テイラー展開については微分積分学の教科書などを参照のこと．テイラー展開の特別な場合，$a = 0$ の場合を**マクローリン展開**とよぶ．指数関数のマクローリン展開と三角関数のマクローリン展開を示しておく．ただし，$0! = 1$, $x^0 = 1$ とする．

$$\exp(x) = \sum_{n=0}^{\infty} \frac{x^n}{n!}$$

$$\sin(x) = \sum_{n=0}^{\infty} (-1)^n \frac{x^{2n+1}}{(2n+1)!}$$

$$\cos(x) = \sum_{n=0}^{\infty} (-1)^n \frac{x^{2n}}{(2n)!}$$

### 1.3.3　区分求積法

定積分を具体的に計算するためには

$$\int_a^b f(x)dx = F(b) - F(a)$$

を用いるが，原始関数を求められない場合に右辺の値が定まるかどうか本来はわからない．原始関数によらず定積分の値を決めるには，被積分関数のグラフ $y = f(x)$ と $x$ 軸，直線 $x = a$, $x = b$ が囲む図形の面積によって定義する．この面積 $S$ は次のように求める．

$$S = \lim_{n \to \infty} \frac{b-a}{n} \sum_{k=0}^{n-1} f\left(a + \frac{b-a}{n}k\right)$$

右辺の極限値が存在するとき，$S$ の値を $\int_a^b f(x)dx$ と書くことにする．面積を幅 $\frac{b-a}{n}$ の長方形に分割して和をとっているため，**区分求積法**とよぶ．このような考え方は数値積分の基本となる．

## 1.4　数値解析への準備

本章では数値解析に必要となる C 言語の導入と，数値解析に必要な数学的概念である**ベクトル・行列・複素数**を C 言語で扱う手法を簡単に紹介する．また，漸化式の定める数列を求める典型的な処理を示す．

### 1.4.1　ソースプログラムの構成

本書で扱う C 言語のソースプログラムは次のような基本的な構成をとる．内容によってはいくつか不要になる include 文もあるが，include 文が冗長でも問題はない．逆に include 文が足りない場合は関数の返す値の型に不整合を起こすことがあるので注意しなければならない．

```
#include <stdio.h>
#include <stdlib.h>
#include <math.h>

int main()
{
  (必要な処理)
}
```

計算結果の出力には主として `printf()` 関数を用いる．フォーマット文字列における `%d` は int 型，`%f` は double 型の固定小数点表示である．固定小数点表示の桁数を `%.10f` などと指定できる．`%e` は double 型の浮動小数点表示である．

```
#include <stdio.h>
#include <stdlib.h>
#include <math.h>

int main()
{
  int i=0;
  double x=1.0;
```

```
  printf("%d %f\n",i,x);
  printf("%.10f\n",x);
  printf("%e\n",x);
}
```

以後のソースプログラムでは，include 文を省略することがある．そのようなプログラム例からプログラムを作成するときは上記プログラム例の include 文を補う．どの include 文が適切か迷う場合は 3 行全て記述すればよい．

### 1.4.2 ベクトルと行列

$n$ 次元ベクトル $\boldsymbol{v} = (v_0, v_1, \ldots, v_{n-1})$ を C 言語で扱う場合，配列で表現すると自然である．2 次元ベクトル $\boldsymbol{v} = (x, y)$ であれば要素数が 2 の配列を使う．

```
double v[2];
```

配列要素 v[0] にベクトル $\boldsymbol{v}$ の第 1 成分の値 $x$ を代入し，v[1] に第 2 成分の値 $y$ を代入する．列ベクトル（縦ベクトル）でも同じことである．

配列を用いてベクトルを表す場合，行ベクトルと列ベクトルの区別はプログラム内で矛盾しないように扱う．

ベクトル $\boldsymbol{v} = (1.0, 3.0)$ を与えるために配列を初期化する手法は次の通り．

```
double v[2]={1.0, 3.0};
```

ここまで，ベクトルの次元として定数 2 を用いている．これでは，プログラム中の定数 2 をベクトルの次元と理解する場合と別の意味を持つ場合とをすぐには判別できない．次のようにベクトルの次元を define 文で定義しておけば N が次元であることが明確になる．次元を 2 に限らず一般化する場合に N の値のみ変更すればよい．C 言語に限らず計算機プログラムにおける基本的な注意点である．

define 文はプログラムの冒頭で記述すればよい．

```
#define N 2 /* ベクトルの次元 */
double v[N];
```

本書では $n$ 次正方行列 $A = (a_{ij})_{0 \leq i \leq n-1, 0 \leq j \leq n-1}$ のみ扱う．行列を扱うには 2 次元の配列を使うとよい．2 次の正方行列

$$A = \begin{pmatrix} a & b \\ c & d \end{pmatrix}$$

については，2 次元の配列を用いて次のように宣言する．ベクトルの場合と同様に行列の次数は define 文を用いて一般化しておく．

```
#define N 2
double A[N][N];
```

配列要素と行列の成分は次のように対応させる．2 次正方行列

$$A = \begin{pmatrix} a_{00} & a_{01} \\ a_{10} & a_{11} \end{pmatrix}$$

について，行列 $A$ の 0 行 0 列成分 $a_{00}$ は配列要素 $A[0][0]$ に，$a_{01}$ は $A[0][1]$ に格納する．

通常，$n$ 次正方行列の成分は 1 行 1 列成分から $n$ 行 $n$ 列成分と数えるが，C 言語の配列要素は 0 から始まるため，0 行 0 列成分から $n-1$ 行 $n-1$ 列成分までとなる．この対応に注意する．

### 1.4.3　行列の基本変形

**行列の基本変形**を行列の掛け算で表し，実際に C 言語でプログラムを作成する．ここでは 3 行 3 列行列を例として行基本変形の復習と行列の積の利用をかねて取り上げる．行基本変形を行うだけであれば，基本行列の積を用いると計算量が多くなり計算効率が悪い．実際の処理は連立一次方程式の章を参照のこと．

まず，行基本変形の基本操作を確認する．

(1)　第 $k$ 行を $c$ 倍する．
(2)　第 $k$ 行と第 $m$ 行を交換する．
(3)　第 $k$ 行の $c$ 倍を第 $m$ 行に加える．

それぞれの行基本変形を例示する．

(1)　3行3列の場合に第2行を $c$ 倍する行基本変形は次の基本行列を左から乗算する．

$$\begin{pmatrix} 1 & 0 & 0 \\ 0 & c & 0 \\ 0 & 0 & 1 \end{pmatrix}$$

(2)　第1行と第3行を交換する行基本変形は次の基本行列を左から乗算する．

$$\begin{pmatrix} 0 & 0 & 1 \\ 0 & 1 & 0 \\ 1 & 0 & 0 \end{pmatrix}$$

第1行と第2行を交換する行基本変形は次の基本行列を左から乗算する．

$$\begin{pmatrix} 0 & 1 & 0 \\ 1 & 0 & 0 \\ 0 & 0 & 1 \end{pmatrix}$$

(3)　第1行の $c$ 倍を第2行に加える行基本変形は次の基本行列を左から乗算する．

$$\begin{pmatrix} 1 & 0 & 0 \\ c & 1 & 0 \\ 0 & 0 & 1 \end{pmatrix}$$

第1行の $c$ 倍を第3行に加える行基本変形は次の基本行列を左から乗算する．

$$\begin{pmatrix} 1 & 0 & 0 \\ 0 & 1 & 0 \\ c & 0 & 1 \end{pmatrix}$$

行列の乗算を利用する例として，回転行列を取り上げる．平面上の1点 $(x,y)$ を原点中心に $\theta$ 回転する処理は行列を用いて記述できる．ベクトルの1次結合 $(x,y) = x(1,0) + y(0,1)$ から，$(1,0)$ と $(0,1)$ を回転した結果がわかればよい．$(1,0)$ を $\theta$ 回転して $(\cos\theta, \sin\theta)$ であり，$(0,1)$ を $\theta$ 回転して $(-\sin\theta, \cos\theta)$ で

あるから,

$$R_\theta \begin{pmatrix} 1 \\ 0 \end{pmatrix} = \begin{pmatrix} \cos\theta \\ \sin\theta \end{pmatrix}, \quad R_\theta \begin{pmatrix} 0 \\ 1 \end{pmatrix} = \begin{pmatrix} -\sin\theta \\ \cos\theta \end{pmatrix}$$

より，回転行列 $R_\theta$ の成分として

$$R_\theta = \begin{pmatrix} \cos\theta & -\sin\theta \\ \sin\theta & \cos\theta \end{pmatrix}$$

を得る．行列とベクトルの乗算の応用として，任意のベクトルを回転するプログラムは良い例題である．

**例題 1.1**

与えられた平面ベクトルを $\dfrac{\pi}{3}$ 回転するプログラムを作成せよ.

**【解答例】**　回転行列を用いて解説通りに作成すればよい．円周率 $\pi$ の値は math.h をインクルードして `M_PI` を用いる．行列とベクトルの積を成分ごとに個別に求めるプログラムは次のように書ける．

```
#include <stdio.h>
#include <math.h>

#define N 2
#define t M_PI/3

int main()
{
  double R[N][N]={{cos(t),-sin(t)},{sin(t),cos(t)}};
  double v[N]={1.0,0.0};
  double u[N]={0.0,0.0};

  u[0]=R[0][0]*v[0]+R[0][1]*v[1];
  u[1]=R[1][0]*v[0]+R[1][1]*v[1];
```

```
  printf("(%f,%f)\n",u[0],u[1]);
}
```

行列とベクトルの積を各成分について個別に求めるのではなく for 文を用いればベクトルの次元によらない形で書ける．変更部分のみ掲載する．

```
for(i=0; i<N; ++i){
  u[i]=R[i][0]*v[0]+R[i][1]*v[1];
}
```

各成分を計算する際の和についても for 文を用いれば，ベクトルの次元を変えても define 文で N を変更し，各配列の初期化を対応するだけでよい．複雑に見えるかもしれないが，慣れればむしろわかりやすい．

```
for(i=0; i<N; ++i){
  for(k=0; k<N; ++k){
    u[i]=u[i]+R[i][k]*v[k];
  }
}
```

### 1.4.4　複素数の扱い

C 言語で複素数を扱う型は ANSI 標準のデータ型としては用意されていない（C99 では用意されている）．**構造体**を利用して新たなデータ型を扱う例として複素数を取り上げる．実用的には，C99 に用意されている Complex 型などを積極的に利用するとよい．

複素数 $z$ は実部 $x = \mathrm{Re}(z)$ と虚部 $y = \mathrm{Im}(z)$ を決めることによって $z = x+iy$ と定めることができる．まず，C 言語の構造体を用いて複素数の実部と虚部を統一的に扱うことにする．次のように変数 c を 2 つの倍精度浮動小数点型のメンバ変数を持つ構造体として宣言できる．

```
struct{
  double re;
  double im;
} c;
```

変数 `c` は次のように構造体のメンバ変数を介して使用する．

```
c.re=1.0; /* 実部へ 1.0 を代入 */
c.im=2.0; /* 虚部へ 2.0 を代入 */

/* 複素平面の座標とみなして出力する */
printf("(%f,%f)\n",c.re,c.im);
```

`typedef` 宣言を用いると，新しい型に相当する宣言を使うことができる．次のように使う．

```
typedef struct{
  double re;
  double im;
} Complex;

Complex c;
```

この変数 `c` は前の例の `c` と全く同様である．

構造体を用いて定義した Complex 型には四則演算が与えられていない．四則演算を関数として定めよう．

まず，和を与える関数を考える．2 つの複素数 $z = x + iy$, $w = u + iv$ の和は $z + w = (x + u) + i(y + v)$ によって定まる．2 つの Complex 型を引数にとり，和を Complex 型の返り値とする C 言語の関数 `cadd` を定義する．

プロトタイプ宣言を次のように記述する．定義した Complex 型は関数の引数としても返り値としても使用してよい．

```
Complex cadd(Complex, Complex);
```

構造体として宣言した変数を初期化するには次の例の Complex 型の変数 `z1` の宣言のように記述する．

```
int main()
{
  /* 変数 z1,z2,z3 を Complex 型として宣言 */
  Complex z1={1.0, 2.0};
  Complex z2;
  Complex z3;

  z2.re = 3.0;
  z2.im = 4.0;

  z3 = cadd(z1, z2);
  printf("z1 = 1 + 2i, z2 = 3 + 4i\n");
  printf("z1 + z2 = %lf + %lf i\n", z3.re, z3.im);
}
```

cadd 関数の実体は次のようになる．

```
Complex cadd(Complex x, Complex y)
{
   Complex z;
   z.re = x.re + y.re;
   z.im = x.im + y.im;
   return z;
}
```

2 つの複素数 $z = x + iy$ と $w = u + iv$ の乗算は

$$zw = (xu - yv) + i(yu + xv)$$

であり，除算は

$$\frac{z}{w} = \frac{xu + yv}{u^2 + v^2} + i\frac{yu - xv}{u^2 + v^2}$$

と書ける．

### 1.4.5 反　復　法

数値解析によって方程式の解を求める場合など，初期値を適切に定めた後に一定の手順で精密な値に更新することを**反復法**とよぶ．反復法は漸化式の定める数列あるいはベクトルを順次求めることに等しい．ここでは漸化式の定める数列を順次求める処理を確認する．

$r, c$ を定数，$a_0$ を初項として 2 項間漸化式

$$a_{n+1} = ra_n + c$$

の定める数列 $\{a_n\}$ を求めて第 $N$ 項まで順次出力するプログラムを考える．変数 x に $a_n$ の各項を保持し，順次更新するプログラムである．

```
int main()
{
  double x=1.0; /* 初期値 1.0 */
  printf("%f\n",x);
  for(k=0; k<N+1; ++k){
    y=r*x+c; /* 漸化式に従って次の項を求める．  */
    printf("%f\n",y);
    x=y;
  }
}
```

一般の漸化式

$$a_{n+1} = f(a_n)$$

に対応するには次のように変更する．$f(x)$ の実体を実際の $f(x)$ に合わせて変更すればよい．

```
int main()
{
  double x=1.0; /* 初期値 */
  printf("%f\n",x);
```

```
  for(k=0; k<N+1; ++k){
    y=f(x); /* 漸化式に従って次の項を求める. */
    printf("%f\n",y);
    x=y;
  }
}
double f(double x)
{
  return(r*x+c)
}
```

フィボナッチ数列

$$a_{n+2} = a_{n+1} + a_n$$

などの 3 項間漸化式については，まず次のように変形する．$b_n = a_{n+1}$ と置き，$a_{n+2} = b_{n+1}$ より次の連立漸化式に等しい．数列の次元を上げて 2 項間漸化式とする変形である．

$$\begin{aligned} a_{n+1} &= b_n \\ b_{n+1} &= b_n + a_n \end{aligned}$$

ベクトルと行列を用いて次の通り．

$$\begin{pmatrix} a_{n+1} \\ b_{n+1} \end{pmatrix} = \begin{pmatrix} 0 & 1 \\ 1 & 1 \end{pmatrix} \begin{pmatrix} a_n \\ b_n \end{pmatrix} = \begin{pmatrix} 0 & 1 \\ 1 & 1 \end{pmatrix}^{n+1} \begin{pmatrix} a_0 \\ b_0 \end{pmatrix}$$

プログラム例としては次のような例が考えられる．どれが正解ということはない．

フィボナッチ数列の定義通りに書いた例．

```
double a=1;
double b=1;
double x;
for(k=0; k<N+1; ++k){
```

```
  x=a+b;
  printf("%f\n",x);
  b=a;
  a=x;
}
```

数列の次元を上げて 2 項間漸化式と変形した例.

```
double a=1;
double b=1;
double x,y;
for(k=0; k<N+1; ++k){
  x=b;
  y=a+b;
  printf("%f %f\n",x,y);
  a=x;
  b=y;
}
```

## 演 習 問 題

1. ベクトルを適切に出力する関数を作成せよ.
2. 同じ次元を持つ 2 本のベクトルの内積を求めるプログラムを作成せよ.
3. cadd を参考にして 2 つの複素数の差を返す関数 csub, 乗算を返す関数 cmul, 除算を返す関数 cdiv を作成せよ.

### インクルードファイルの正体

C言語のプログラムにはほぼ必ず #include <stdio.h> などのインクルードファイルを指定する．これらのインクルードファイルごとに，C言語の標準的な関数 printf などのプロトタイプ宣言が記述されている．

次のようにインクルードファイル抜きで printf 関数を使うと，多くの場合はコンパイル時に printf 関数のプロトタイプ宣言が記述されていない旨の警告が表示される．

```
int main()
{
  printf("Hello\n");
}
```

このプログラムに printf 関数のプロトタイプ宣言を加えると次のようになる．printf 関数はいくつでも引数をとれる（可変長の引数）から，プロトタイプ宣言の引数部はフォーマット文字列を第1引数とし，可変長引数をとる意味を第2引数に示す．

```
int printf(const char*, ...);

int main()
{
  printf("Hello\n");
}
```

このように，プログラム内で使用する全ての関数のプロトタイプ宣言を記述すればインクルードファイルを指定する必要はない．

多くの場合，入門時には include 文を「書いておくもの」として先に進むと思われるが，上のように include 文の意味を理解することでC言語を縦横に駆使する一歩となるだろう．

# 第 2 章

# 方程式を解く

あらゆる場面で方程式を解く必要が発生するものの，解析的に解ける方程式は限られる．2 次方程式の解は平方完成を経由して解の公式として各係数から解を具体的に求めることができる．3 次方程式についての解の公式は知られている一方，実用的ではない．4 次方程式も同様である．5 次方程式になると一般的に成立する解の公式は存在しない．方程式に三角関数などが混じると絶望的である．

本章では方程式 $f(x) = 0$ の解を許容する誤差の範囲で数値的に与えるアルゴリズムを 2 種類学習する．二分法とニュートン法である．いずれも逐次近似法の一種である．逐次近似法とは，真の解 $c$ の候補として初期値 $x_0$ を与えた後，真の解に漸近する解の候補を順次 $x_1, x_2, \ldots, x_n, \ldots$ として求める手法である．$x_0$ は関数 $f(x)$ のグラフなどを用いて手法の条件に合うように目視によって決める．また，本書で最初に取り上げる問題でもあり，単にプログラム例を掲載するだけではなくプログラムを作成する過程を追えるように構成した．

## 2.1 二　分　法

方程式の数値解を求める際，**二分法**は最も単純な手法の一つである．二分法によって数値解を求める手順を示す．関数のグラフと連続な関数の性質を使い，まず方程式の解が 1 つ存在する区間を設定する．続いて，この区間の幅を半分に狭める手順を繰り返す．以下，簡単な例で考えることにする．

関数 $f(x)$ は連続とする．二次関数 $f(x) = x^2 - 2x$ を考えよう．$y = f(x)$ のグラフを描く．$f(x) = 0$ の解は $x = 0$ と $x = 2$ であり，図 **2.1** のグラフは $x = 2$ を $c$ として描いている．$c$ の前後の $x$ の値をそれぞれ $a, b$ とおけば，

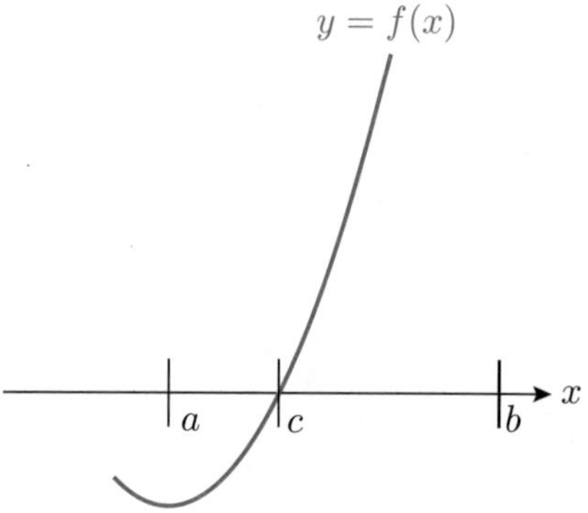


図 **2.1**　$y = f(x)$ のグラフ．連続であること，$x = c$ の前後で $f(x)$ の符号が変化していることに注意する．$a \leq c \leq b$ の範囲に $f(x) = 0$ の解が存在することが読みとれる．

$f(a) < 0$ かつ $f(b) > 0$ である．この条件を満たすとき，関数 $f(x)$ が連続であれば $a$ と $b$ の間に $f(c) = 0$ を満たす $c$ が存在するのだった．これは微分積分学で学習する**中間値の定理**の帰結である．本節では $f(a) > 0$ かつ $f(b) < 0$ の場合を演習問題 1 に譲る．

中間値の定理からは存在だけがわかるので，$f(c) = 0$ を満たす $c$ の値がいくつあるかはわからない．1 つだけになるように $a$ と $b$ を定めておく．正確なグラフを描画するとよい．グラフ描画には第 9 章で紹介する Maxima を利用できる．

さて，$a$ と $b$ の間に $f(x) = 0$ の解 $c$ が存在する．この $c$ を許容する誤差の範囲内で具体的に求めたい．まず，$c$ の存在範囲は $a \leq c \leq b$ であるから，計算誤差は $b - a$ である（図 **2.1**）．

$c$ の存在する範囲を狭めて，計算誤差を狭めていこう．そのために，$a$ と $b$ の中点 $\dfrac{a+b}{2}$ をとる．図 **2.2** の左図では $a$ と $\dfrac{a+b}{2}$ の間に解 $c$ が存在している．このとき，$c$ の存在する範囲すなわち $c$ の計算誤差は $\dfrac{a+b}{2} - a = \dfrac{b-a}{2}$ であり，前の段階の計算誤差 $b - a$ の半分になっている．

つまり，$a$ と $b$ の中点を考えることで，$c$ の計算誤差を $\dfrac{1}{2}$ にできた．

この手順を繰り返す．$a$ と $b$ の中点 $\dfrac{a+b}{2}$ を $b'$ とおく．$a$ と $b'$ の間に解 $c$ が

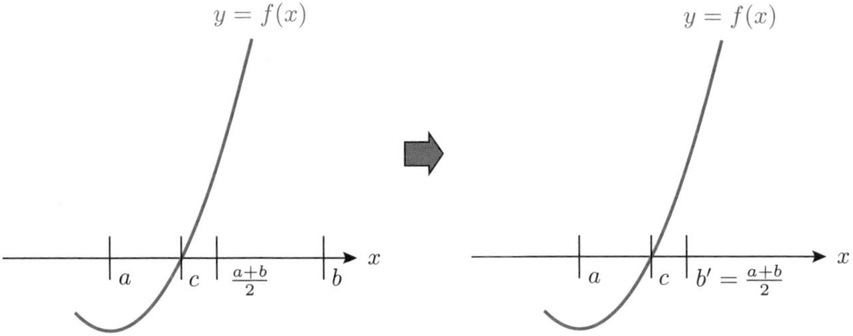


図 **2.2**　左図：$a$ と $b$ の中点をとる．右図：$a$ と $b'$, $c$ の位置関係．

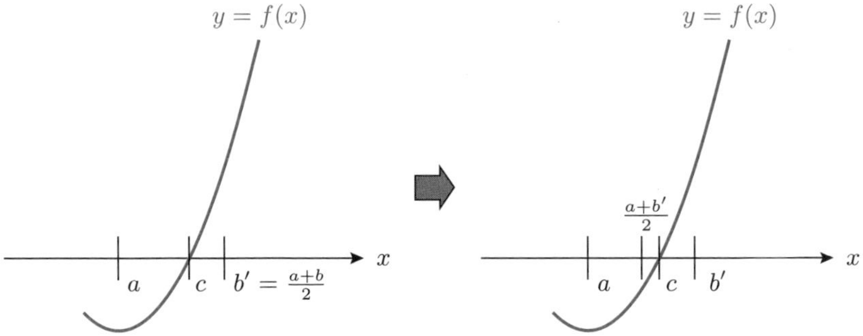


図 **2.3**　左図：$a$ と $b'$, $c$ の位置関係（再掲）．右図：$a$ と $b'$ の中点 $\frac{a+b'}{2}$ と $c$, $b'$ の位置関係．

存在している（図 **2.2** の右図）．

$a$ と $b'$ の中点 $\dfrac{a+b'}{2}$ をとる（図 **2.3**）．今度は，$\dfrac{a+b'}{2}$ と $b'$ の間に解 $c$ がある．計算誤差は $b-\dfrac{a+b'}{2}=\dfrac{b'-a}{2}$ となって，前段階のさらに半分になる．総合して，各段階での計算誤差を比較すると元の計算誤差 $b-a$ の $\dfrac{1}{2^2}=\dfrac{1}{4}$ になった．

このように，端点の中点のどちらかに解が存在するという事実を繰り返し用いて，解 $c$ の存在する範囲を次々と半分にできる．$n$ 回繰り返すと $\dfrac{1}{2^n}$ になる．許容する誤差を前もって用意しておき，計算誤差が許容する誤差を下回ったところで止めればよい．

以上の手順をまとめると次のような手順になる．中間値の定理を証明する際には全く同じ議論をする．

(1)　まず関数 $f(x)$ のグラフを描く．手書きでよい．グラフから真の解のあたりをつけ，真の解の前後に $f(a) < 0$, $f(b) > 0$ となる $x$ の値 $a, b$ を決める．この区間 $[a, b]$ の中に解が 1 つだけ存在することを関数 $f(x)$ のグラフから確かめておく．

(2)　$b - a < \varepsilon$ であれば $a$ と $b$ の間に計算誤差 $\varepsilon$ で解が存在している．

(3)　$f\left(\dfrac{a+b}{2}\right) > 0$ の場合，$a < c < \dfrac{a+b}{2}$ である．$b = \dfrac{a+b}{2}$ と代入して (1) から繰り返し．

(4)　$f\left(\dfrac{a+b}{2}\right) < 0$ の場合，$\dfrac{a+b}{2} < c < b$ である．$a = \dfrac{a+b}{2}$ と代入して (1) から繰り返し．

(5)　$f\left(\dfrac{a+b}{2}\right) = 0$ の場合，$c = \dfrac{a+b}{2}$ である．

上記の手順を C 言語で記述する．本節ではプログラム作成の考え方を順を追って示していく．$f\left(\dfrac{a+b}{2}\right)$ の符号に応じて $a$ あるいは $b$ の値を変更する．$a$ と $b$ の中点を格納する変数 `t` を用意しておき，if 文を構成する．

```
t=(a+b)/2;
if( f(t) > 0 ){
  b=t;
}else{
  a=t;
}
```

計算誤差 $|b - a|$ が許容する誤差を上回る間は $a$ と $b$ の中点をとり二分法の処理を続けなければならない．このようなプログラムには while 文が適切である．以上をまとめ，二分法によって方程式の数値解を求めるプログラム例を順に示す．考える方程式を $x^2 = 2$ とする．$f(x) = x^2 - 2$ とおけば方程式 $f(x) = 0$ を解くことに相当する．この方程式の正の解 $\sqrt{2}$ を二分法によって求めるプログラムを作成する．

プログラムの概要を次に示す．まず while 文の内部を自分自身で考えて，わからなければ例示を参照する．1 行とは限らない．

```
#include <stdio.h>
#include <stdlib.h>
#include <math.h>

/* 関数 f(x) のプロトタイプ宣言.
   f(x) の返り値の型と引数の型をまず宣言する.  */
double f(double);

int main()
{
  double a=0.0, b=10.0;
  double err=b-a;     /* 計算誤差を格納する.  */
  double eps=0.0001; /* 許容する誤差を与える.  */

  double t;
  /* 計算誤差が許容する誤差を上回る間は二分法を続ける. */
  while( err > eps ){
    -------------------;
  }
}
double f(double x)
{
  return(x*x-2.0);
}
```

while 文の内部は次のようになる．プログラム例として，二分法の計算過程を出力するように書いた．f(t)==0 の場合を含めてこれでよい．2 つの浮動小数点数の比較において，値が一致する条件を使うべきではないことを注意しておく．

```
while( err > eps ){
  t=(b+a)/2;
  if( f(t) > 0.0 ){
    b=t;
  }else if( f(t) < 0.0 ){
```

```
    a=t;
  }
  err=b-a;
  printf("err:%lf, %lf < c < %lf\n", err,a,b);
}
```

以上をまとめて次の例題とする．解析的に解ける方程式の数値解を求めることでプログラムが正しく動いていることを確かめるものである．

**例題 2.1**

方程式 $x^2 = 2$ の数値解を二分法によって求めるプログラムを作成せよ．

**【解答例】**　$f(x) = x^2 - 2$ とおけば $f(x) = 0$ の解を求めることに帰着する．従って，二分法のプログラム例に示したプログラムの通り作成すればよい．while 文の内容は上に示した while 文の内部をそのまま用いる．下記のプログラムのようになる．

```
#include <stdio.h>
double f(double);
int main()
{
  double a=0.0, b=10.0;
  double err=b-a;
  double eps=0.0001;
  double t;
  while( err > eps ){
    t=(b+a)/2;
    if( f(t) > 0.0 ){
      b=t;
    }else if( f(t) < 0.0 ){
      a=t;
    }
    err=b-a;
    printf("err:%lf, %lf < c < %lf\n", err,a,b);
```

```
  }
}
double f(double x)
{
  return(x*x-2.0);
}
```

出力結果は次の通りである．許容する誤差は 0.0001 であるから，解析的に求められる正の解 $\sqrt{2} = 1.41421356\cdots$ を許容する誤差未満の幅で正しく求めている．二分法の 1 段階で，誤差を表す変数 `err` の値が $\frac{1}{2}$ 倍になる．

**出力結果**

```
err:5.000000, 0.000000 < c < 5.000000
err:2.500000, 0.000000 < c < 2.500000
err:1.250000, 1.250000 < c < 2.500000
err:0.625000, 1.250000 < c < 1.875000
err:0.312500, 1.250000 < c < 1.562500
err:0.156250, 1.406250 < c < 1.562500
err:0.078125, 1.406250 < c < 1.484375
err:0.039062, 1.406250 < c < 1.445312
err:0.019531, 1.406250 < c < 1.425781
err:0.009766, 1.406250 < c < 1.416016
err:0.004883, 1.411133 < c < 1.416016
err:0.002441, 1.413574 < c < 1.416016
err:0.001221, 1.413574 < c < 1.414795
err:0.000610, 1.414185 < c < 1.414795
err:0.000305, 1.414185 < c < 1.414490
err:0.000153, 1.414185 < c < 1.414337
err:0.000076, 1.414185 < c < 1.414261
```

上記の出力結果は冗長であるからこれを省き，二分法の処理を main 関数から別関数へ移すように書き換えたプログラムを章末の演習問題 2 とする．プログラムを書き換えて洗練させる作業は内容を理解する上で重要な作業でもある．

## 2.2　ニュートン法

二分法では真の解が存在する区間の幅を半分に狭めていった．1 段階で $\frac{1}{2}$ となるから，$n$ 段階では $\frac{b-a}{2^n}$ の幅に数値解が存在する．数列の収束において $\frac{1}{2^n}$ のように等比数列的（指数関数的）な収束は速いと判断する一方，数値計算においてはさらに速い収束が要求される．**ニュートン法**は方程式の数値解に対して等比数列的（指数関数的）な収束よりも速い収束（2 次の収束）という要求を満たすアルゴリズムである．

ニュートン法によって方程式の解を求める手順を簡単な例によって示す．二分法と同様に二次関数 $f(x) = \frac{x^2}{2} - x$ を考えよう．まず，求める解を近似する数列 $\{x_n\}$ の初期値を $x_0 = 4$ とおく．この点 $(x_0, f(x_0))$ で $y = f(x)$ のグラフに接線を引こう．接線と $x$ 軸の交点を $x_1$ とおく（図 **2.4**）．$x_1$ を求めるには，次のようにすればよい．$x_0$ での接線の方程式

$$y = f'(x_0)(x - x_0) + f(x_0)$$

から $x$ 軸との交点の $x$ 座標を求めたい．上の式で $y = 0$ とおく．

$$0 = f'(x_0)(x - x_0) + f(x_0)$$

$x$ について整理すると，まず $-f(x_0) = f'(x_0)(x - x_0)$ より $-\frac{f(x_0)}{f'(x_0)} = x - x_0$ となる．$x_0 - \frac{f(x_0)}{f'(x_0)} = x$ から，$x_1 = x_0 - \frac{f(x_0)}{f'(x_0)}$ である．

続いて，$x_1$ で接線を引き，この接線と $x$ 軸との交点を $x_2$ とおく．この手順を繰り返す．

$x_2$ を求めるには，$x_1 = x_0 - \frac{f(x_0)}{f'(x_0)}$ を求めた手順と全く同様である．

$$x_2 = x_1 - \frac{f(x_1)}{f'(x_1)}$$

$x_3, x_4$ 以降もこれを繰り返す．一般に $x_n$ は $x_{n-1}$ を用いて求めることができる．

$$x_n = x_{n-1} - \frac{f(x_{n-1})}{f'(x_{n-1})}$$

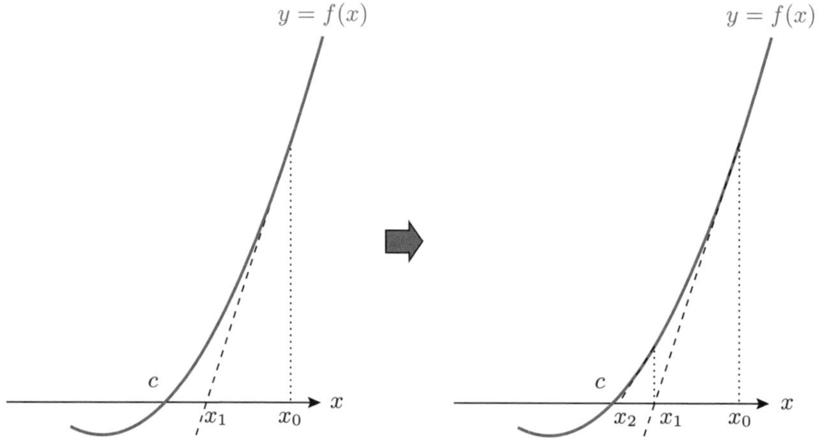


図 **2.4**　左図：点 $(x_0, f(x_0))$ での接線を引いたときの $c$, $x_0$, $x_1$ の位置関係と，点 $(x_1, f(x_1))$ での接線に関する $c$, $x_0$, $x_1$, $x_2$ の位置関係．$c < x_1 < x_0$ に注意する．右図：点 $(x_1, f(x_1))$ での接線に関する $c$, $x_0$, $x_1$, $x_2$ の位置関係．$c < x_2 < x_1 < x_0$ に注意する．

このように，順次 $x_1, x_2, x_3, \ldots$ を求めていくプログラムを作る．

(1)　$x_0$ を決める．
(2)　$(x_0, f(x_0))$ での接線を引き，接線と $x$ 軸の交点の $x$ 座標を $x_1$ とする．
(3)　以下同様に $(x_{n-1}, f(x_{n-1}))$ での接線と $x$ 軸の交点の $x$ 座標を $x_n$ とする．

これが成立するためには，$f''(c) > 0$ かつ $f''(x) > 0$ の成立する範囲で $x_n$ が動くように $x_0$ を決めておかなければならない．

ニュートン法に必要な関数 $f(x)$ は double 値を引数にとり double 値を返す C 言語の関数 `f(x)` によって定め，$f(x)$ の導関数 $f'(x)$ は double 値を引数にとり double 値を返す C 言語の関数 `df(x)` と定めておこう．これらはプログラムの最後に具体化する．

漸化式による反復法と同じプログラムを考えるとよい．double 型の変数 `x` に $x_n$ の値を代入しておき，計算した $x_{n+1}$ の値を double 型の変数 `y` に格納する．

```
double x=4.0;
double y;
y=x-f(x)/df(x);
```

順次 $x_n$ を計算するには，まず反復法による次のような定型処理を書く．二分法と同様に while 文を使う．

```
double x=4.0;
double y;
while(err>eps){
  y=x-f(x)/df(x);
  err=fabs(y-x);
  x=y;
}
```

$x_{n+1}$ と $x_n$ の差の絶対値，すなわち変数 x と y の差の絶対値を計算誤差とする．while 文を停止する条件は，計算誤差が許容する誤差を下回った場合とする．$x$ と $y$ の大小関係が不明でも誤差として絶対値をとればよいから，double 型の絶対値を与える関数 fabs() を用いる．x=y という処理は，初期値 $x_0$ から逐次近似によって $x_1, x_2, \ldots, x_n$ を求めるために必要である．許容する誤差を double 型の変数 eps に格納し，誤差を double 型の変数 err に格納しよう．$f(x)$, $f'(x)$ を合わせ，プログラム全体が決まる．

ニュートン法のプログラム例を示す．方程式 $x^3 - 2 = 0$ の実数解を求めるプログラムである．

```
#include <stdio.h>
#include <math.h>

double f(double);/* f(x) */
double df(double);/* f(x) の導関数 */

int main()
{
```

```
  double x=5.0, y=0.0;
  double eps=1.0e-6;
  double err;

  err=1.0;
  while(err > eps){
    y=x-f(x)/df(x);
    err=fabs(y-x);
    x=y;
    printf("%.10f, %.10f\n",x,err);
  }
}

/* 関数 f(x) */
double f( double x )
{
  double y=0.0;

  y=x*x*x-2.0;
  return(y);
}

/* f(x) の導関数 f'(x) */
double df(double x )
{
  return(3.0*x*x);
}
```

**例題 2.2**

ニュートン法によって方程式 $x^3 = 2$ の解を求めよ．また，得られた数値解 $c$ が実際に真の解に近い値であることを，$f(c)$ を計算して出力することで確認してみよ．

**【解答例】**　$f(x) = x^3 - 2$ とすれば $f(x) = 0$ を解いて求める数値解を得る．ニュートン法のプログラム例をそのまま用いればよい．ニュートン法のプログラム例を実行し，動作を確認できたら，main 関数の最後に `printf()` 関数を用いて $f(c)$ の値を出力する処理を加える．main 関数のみ次に示す．

```
int main()
{
  double x=5.0, y=0.0;
  double eps=1.0e-6;
  double err=1.0;

  while(err > eps){
    y=x-f(x)/df(x);
    err=fabs(y-x);
    x=y;
    printf("%.10f, %.10f\n",x,err);
  }
  printf("%f\n",f(x)); /* f(x) の値を出力する */
}
```

`f(x)` の出力結果は 0 に近い値のはずである．

## 2.3　ニュートン法の収束の速さ

ニュートン法は次の漸化式によって決まった．

$$x_{n+1} = x_n - \frac{f(x_n)}{f'(x_n)}$$

ここで，

$$F(x) = x - \frac{f(x)}{f'(x)}$$

とおいたとき，方程式 $x = F(x)$ の解 $c$ は $f(x) = 0$ の解でもある．次のように漸化式の両辺から $c$ を引いておく．

$$x_{n+1} - c = F(x_n) - c$$

$F(x_n) = F(c + (x_n - c))$ をテイラー展開して

$$F(x_n) = F(c) + F'(c)(x_n - c) + F''(c)\frac{(x_n - c)^2}{2} + o(|x_n - c|^2)$$

である．$F(c) = c$ と $F'(c) = 0$ から次を得る．

$$x_{n+1} - c = F''(c)\frac{(x_n - c)^2}{2} + o(|x_n - c|^2)$$

これは，$|x_{n+1} - c|$ の主要項が $|x_n - c|^2$ であることを示している．このような収束を**2 次の収束**とよぶ．

数列 $a_n$ が 0 に 2 次の収束をしているとき，つまり，$a_{n+1} = aa_n^2$ という漸化式が成立しているとき，帰納的に

$$a_n = a^{2^n - 1} a_0^{2^n}$$

という一般項を得る．これは $n$ について $2^n$ 程度の次数で収束するため，非常に速い収束である．

## 2.4 複素ニュートン法

ニュートン法をよく吟味すると，解の存在範囲を複素数に拡張しても問題ないことがわかる．**複素ニュートン法**とよぶ．初期値 $x_0$ を適切に定め，下記の漸化式を用いて許容する誤差 $\varepsilon$ まで $x_n$ を計算する．

$$x_n = x_{n-1} - \frac{f(x_{n-1})}{f'(x_{n-1})}$$

計算誤差と許容する誤差の判定は $|x_{n+1} - x_n| < \varepsilon$ とする．

複素数の四則演算については既に 1.4.4 項でプログラムを作成しており，これを利用する．本節では $x^3 = 1$ の解．つまり，$f(x) = x^3 - 1$ とする．ただし，$f(x)$ の引数と返り値は複素数であることに注意する．複素数に変えるべき部分を把握した上でニュートン法のプログラムを書き換えよう．以下，全ての変数は 1.4.4 項で**構造体**として定義した Complex 型とする．x の自乗 y=x*x は y=cmul(x,x) で置き換える．絶対値関数 err=abs(x-y) は複素数の絶対値で置き換えて，

```
tmp=csub(x,y);
err=sqrt(tmp.re*tmp.re+tmp.im*tmp.im);
```

とする．

数値計算結果が正しいことは，次のように確かめられる．方程式 $x^3 - 1 = 0$ の解は 1, $\dfrac{-1+\sqrt{3}i}{2}$, $\dfrac{-1-\sqrt{3}i}{2}$ の 3 個であることがわかり，$\sqrt{3} = 1.73\cdots$ を用いて，収束先の解を確かめることができる．

```
Complex f(Complex z)
{
  Complex w;
  Complex u;
  u.re=1.0;
  u.im=0;

  w=cmul(z,z);
```

```
  w=cmul(w,z);
  w=csub(w,u);

  return(w);
}
Complex df(Complex z)
{
  Complex w;
  Complex u;
  u.re=3.0;
  u.im=0;

  w=cmul(z,z);
  w=cmul(u,w);

  return(w);
}
```

これだけ用意しておけば，ニュートン法のプログラムの各変数を複素数に書き換えることで複素ニュートン法のプログラムを完成できる．実際のプログラム例は演習問題 5 に譲る．

## 演習問題

1. 二分法の前提条件において，関数 $f(x)$ が $f(a) > 0$, $f(b) < 0$ となっている場合はプログラムをどのように変更すればよいだろうか．
2. 上の変更を取り入れた上で，二分法によって解を求める処理を C 言語の関数として独立させてプログラム例を書き換えよ．
3. 方程式 $x^4 - 8x^2 + 5 = 0$ の 4 個の解を二分法で全て求めるプログラムを作成せよ．
4. ニュートン法において，$f''(c) < 0$ となる場合は同じプログラムが適用できるだろうか．
5. 2.4 節の複素ニュートン法のプログラムを完成させよ．

**複素ニュートン法の初期値と収束先**

実数解をニュートン法で求める場合，ある初期値を定めて解に収束していれば初期値をわずかに変更しても同じ解に収束する．しかし，複素ニュートン法はそのような性質を持たず，初期値がわずかでも異なると違う解に収束する．

初期値を複素平面上にとり，複素ニュートン法による $z^3 - 1 = 0$ の解の収束先を図示した．黒で示した初期値は $z = 1$ に収束する．横軸が実部，縦軸が虚部を表す．実部，虚部ともに $-1$ から 1 の範囲である．

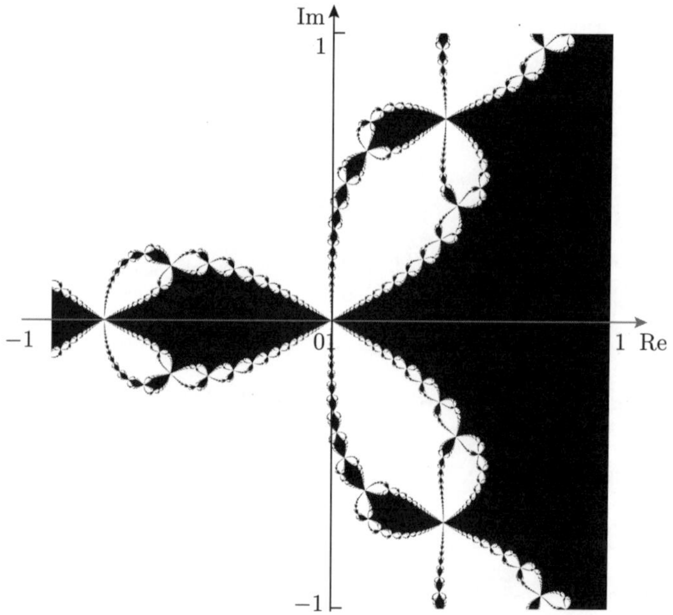


複雑に入り組んだフラクタル構造となっており，初期値が近くても同じ解に収束するとは限らないことに注意する．フラクタル構造となっていることは，原点の付近をいくら拡大しても微細な構造が必ず現れることで確かめることができる．ぜひ自らプログラムを作成して確かめてほしい．

# 第 3 章 補　間

いくつかの座標データからデータを最もよく表す関数を決めることを補間とよぶ．適切な補間によって定まる関数は，データに表れていない部分の様子を考えるために重要な手法である．本章では，最小自乗法とラグランジュ補間，ニュートン補間を扱う．座標データは $\{(x_k, y_k)\}_{k=1}^n$ のように与えられるとする．例えば，4 個の座標データなら，$(x_1, y_1)$, $(x_2, y_2)$, $(x_3, y_3)$, $(x_4, y_4)$ の 4 点とする．

**最小自乗法**は，座標データを「最も近く表す関数」を見つける．最も簡単な関数として 1 次関数を仮定する．$xy$ 平面上の $n$ 点のデータ $(x_1, y_1), \ldots, (x_n, y_n)$ がわかっているとき，各点の近くを通るような直線 $y = ax + b$ を作る（係数 $a$ と $b$ を定める）．必ずしも $n$ 個の点を通るとは限らない．パラメータを含む一般の関数でも同様である．

**ラグランジュ補間**および**ニュートン補間**は，座標データを「全て通る」関数を見つける．座標データが 2 個なら 1 次関数，3 個なら 2 次関数，4 個なら 3 次関数，以下 $n$ 個の座標データから $n-1$ 次関数を定めることができる．

## 3.1　最小自乗法

本節では，**最小自乗法**によって，座標データを最もよく表す直線を定式化する．$xy$ 平面上の $n$ 点のデータ $(x_1, y_1), \ldots, (x_n, y_n)$ がわかっているとき，各点の近くを通るような直線 $y = ax + b$ を作る．係数 $a$ と $b$ を定めればよい．これは，統計学における**線形回帰**あるいは単回帰とよばれる手法でもある．

### 3.1.1 最小自乗法の基礎

各々の座標データとの差の自乗の和が最小になるような直線を最も妥当な直線として定めたい．図 **3.1** に見るように，ばらばらな座標データに対する「最適な」直線を定めるのである．

各点のデータ $(x_i, y_i)$ と直線 $y = f(x) = ax + b$ で近似した点 $(x_i, f(x_i))$ との距離の自乗は

$$(x_i - x_i)^2 + (f(x_i) - y_i)^2 = (f(x_i) - y_i)^2$$

である．従って，各点での距離の自乗の和

$$\sum_{i=1}^{n}(f(x_i) - y_i)^2$$

を最小とする $f(x)$ を見つければよい．$f(x) = ax + b$ を用いれば $a, b$ に関する 2 次関数

$$F(a, b) = \sum_{i=1}^{n}(ax_i + b - y_i)^2$$

である．2 次関数の最小値問題として解析的に $a, b$ を求めることができる．$F(a, b)$

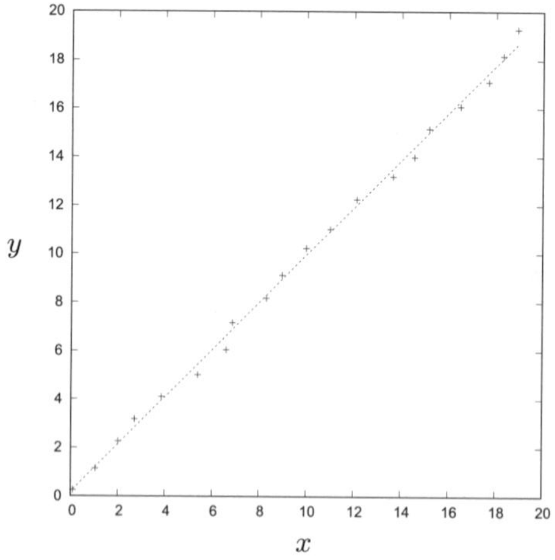


図 **3.1**　座標データを最小自乗法による直線で近似した結果

を最小にする $a, b$ は次を満たす.

$$\frac{\partial}{\partial a}\sum_{i=1}^{n}(ax_i + b - y_i)^2 = 0$$
$$\frac{\partial}{\partial b}\sum_{i=1}^{n}(ax_i + b - y_i)^2 = 0$$

左辺の偏微分は $a, b$ に関する 2 次式についての偏微分であるからすぐに計算できる.

$$\sum_{i=1}^{n} 2x_i(ax_i + b - y_i) = 0$$
$$\sum_{i=1}^{n} 2(ax_i + b - y_i) = 0$$

$a, b$ について整理する.

$$a\sum_{i=1}^{n} x_i^2 + b\sum_{i=1}^{n} x_i - \sum_{i=1}^{n} x_i y_i = 0$$
$$a\sum_{i=1}^{n} x_i + nb - \sum_{i=1}^{n} y_i = 0$$

複雑に見えるけれども, $S_x = \sum_{i=1}^{n} x_i$, $S_y = \sum_{i=1}^{n} y_i$, $S_{x^2} = \sum_{i=1}^{n} x_i^2$, $S_{xy} = \sum_{i=1}^{n} x_i y_i$ とおけば少し見やすい.

$$aS_{x^2} + bS_x - S_{xy} = 0$$
$$aS_x + nb - S_y = 0$$

結果, $a, b$ についての連立一次方程式を得ることができた.

$$\begin{pmatrix} S_{x^2} & S_x \\ S_x & n \end{pmatrix}\begin{pmatrix} a \\ b \end{pmatrix} = \begin{pmatrix} S_{xy} \\ S_y \end{pmatrix}$$

これを解いて

$$\begin{pmatrix} a \\ b \end{pmatrix} = \frac{1}{nS_{x^2} - S_x^2}\begin{pmatrix} n & -S_x \\ -S_x & S_{x^2} \end{pmatrix}\begin{pmatrix} S_{xy} \\ S_y \end{pmatrix}$$

より，$a, b$ を次のように $\{x_n\}, \{y_n\}$ で表すことができる．

$$a = \frac{n\sum_{i=1}^{n} x_i y_i - \sum_{i=1}^{n} x_i \sum_{i=1}^{n} y_i}{n\sum_{i=1}^{n} x_i^2 - \sum_{i=1}^{n} x_i \sum_{i=1}^{n} x_i}$$

$$b = \frac{-\sum_{i=1}^{n} x_i \sum_{i=1}^{n} x_i y_i + \sum_{i=1}^{n} x_i^2 \sum_{i=1}^{n} y_i}{n\sum_{i=1}^{n} x_i^2 - \sum_{i=1}^{n} x_i \sum_{i=1}^{n} x_i}$$

求めるべき直線の方程式の係数 $a, b$ を座標データから得られた．これによって直ちに $a, b$ を求めるプログラムを作ることができる．最小自乗法のプログラム例を示す．これは $y = 2x$ の関係にある5点であるから，出力結果はすぐに確かめることができる．

```
/* 点の数は 5 個 */
int n=5;
/* 点の座標を配列に格納する． */
double x[5]={1.0,1.3,1.8,2.1,3.0};
double y[5]={2.0,2.6,3.6,4.2,6.0};
int main()
{
  int i;
  double sx=0, sx2=0, sxy=0, sy=0;
  double a,b;
  /* a,b に必要な和を計算しておく */
  for( i=0; i < n ; ++i ){
    sx += x[i];
    sy += y[i];
    sxy += x[i]*y[i];
    sx2 += x[i]*x[i];
  }
  a=_______;
  b=_______;
  printf("%f %f\n", a,b);
}
```

**例題 3.1**

プログラム例の空欄を埋めて実行可能なプログラムにせよ.

**【解答例】**　空欄に入れるべき処理のみ下記に与える. 変数 a と b に代入するべき値はそれぞれ次の通りである.

```
a=(n*sxy-sx*sy)/(n*sx2-sx*sx);
b=(sx2*sy-sx*sxy)/(n*sx2-sx*sx);
```

### 3.1.2　統計的な背景

最小自乗法によって得られた係数 $a, b$ は各点のデータ $(x_i, y_i)$ に関する統計量で書き換えることができる. データ $\boldsymbol{x} = (x_1, x_2, \ldots, x_n)$, $\boldsymbol{y} = (y_1, y_2, \ldots, y_n)$ について, それぞれの平均を $\overline{x}, \overline{y}$ とし, $\boldsymbol{x}$ の分散を $\sigma_x^2 = \displaystyle\sum_{i=1}^{n} \frac{(x_i - \overline{x})^2}{n}$, $\boldsymbol{x}$ と $\boldsymbol{y}$ の共分散を $\sigma_{xy} = \displaystyle\sum_{i=1}^{n} \frac{(x_i - \overline{x})(y_i - \overline{y})}{n}$ とする.

まず係数 $a$ を**共分散**と**平均**で表す.

$$a = \frac{n\sum_{i=1}^{n} x_i y_i - \sum_{i=1}^{n} x_i \sum_{i=1}^{n} y_i}{n\sum_{i=1}^{n} x_i^2 - \sum_{i=1}^{n} x_i \sum_{i=1}^{n} x_i}$$

分母分子を $n^2$ で割る.

$$a = \frac{\sum_{i=1}^{n} \frac{x_i y_i}{n} - (\sum_{i=1}^{n} \frac{x_i}{n})(\sum_{i=1}^{n} \frac{y_i}{n})}{\sum_{i=1}^{n} \frac{x_i^2}{n} - (\sum_{i=1}^{n} \frac{x_i}{n})^2}$$

分母は分散 $\sigma_x^2$ であり, 分子は $\sigma_{xy}$ であるから, 結局 $a = \dfrac{\sigma_{xy}}{\sigma_x^2}$ である.

係数 $b$ については $b = \overline{y} - a\overline{x}$ を示す.

$$b = \frac{-\sum_{i=1}^{n} x_i \sum_{i=1}^{n} x_i y_i + \sum_{i=1}^{n} x_i^2 \sum_{i=1}^{n} y_i}{n\sum_{i=1}^{n} x_i^2 - \sum_{i=1}^{n} x_i \sum_{i=1}^{n} x_i}$$

分母分子を $n^2$ で割る.

$$b = \frac{-\overline{x}\sigma_{xy} + \sigma_x^2 \overline{y}}{\sigma_x^2}$$

$\overline{y} - a\overline{x}$ を通分して上式と比較すれば等しいことがわかる．まとめると，

$$\begin{cases} a = \dfrac{\sigma_{xy}}{\sigma_x^2} \\ b = \overline{y} - a\overline{x} \end{cases}$$

となり，$a, b$ はデータの統計量で表せることがわかる．

### 3.1.3 一般の最小自乗法

最小自乗法は 1 次関数に限らず一般に適用できる．$k$ 次関数に対する最小自乗法を設定する．$f(x)$ を次のように与える．

$$f(x) = a_0 + a_1 x + \cdots + a_k x^k$$

下記の $F(a_0, a_1, \ldots, a_k)$ に関する最小値問題と設定でき，各係数 $a_i$ についての 2 次関数であるから解析的に解けるものである．

$$F(a_0, a_1, \ldots, a_k) = \sum_{i=1}^{n} (f(x_i) - y_i)^2$$

各 $a_l$ に関する偏微分係数は次の通り．

$$\frac{\partial F}{\partial a_l} = \sum_{i=1}^{n} 2(f(x_i) - y_i)\frac{\partial}{\partial a_l} f(x_i) = \sum_{i=1}^{n} 2x_i^l (f(x_i) - y_i) \tag{3.1}$$

最小値問題の解の候補として偏微分係数 (3.1) が 0 に等しい方程式を立てる．

$$\sum_{i=1}^{n} 2x_i^l (a_0 + a_1 x_i + \cdots + a_k x_i^k - y_i) = 0$$

より，

$$a_0 \sum_{i=1}^{n} x_i^l + a_1 \sum_{i=1}^{n} x_i^{l+1} + \cdots + a_k \sum_{i=1}^{n} x_i^{l+k} - y_i = 0.$$

各 $a_l$ については 1 次式であるから $k+1$ 個の条件式による連立一次方程式が得られる．この連立一次方程式から各 $a_l$ が定まる．

## 3.2　ラグランジュ補間

$xy$ 平面上の $n$ 個の点を通る関数を考える．$f(x)$ を多項式として，$n$ 点の 2 次元座標データから $n-1$ 次関数 $f(x)$ の係数をうまく定めたい．与える $n$ 個の点の座標を $(x_1, y_1), \ldots, (x_n, y_n)$ とおき，$n-1$ 次関数の各次数の係数を $(x_1, y_1), \ldots, (x_n, y_n)$ で表す問題である．

### 3.2.1　ラグランジュ補間の考え方

発見的に考えることで，これらの $n$ 点を全て通る $n-1$ 次関数 $f(x)$ を次のように構成できる．

$$f(x) = \sum_{i=1}^{n} y_i \prod_{k \neq i} \frac{x - x_k}{x_i - x_k} \tag{3.2}$$

なぜなら，次に示す各 $y_i$ の係数に $x = x_i$ を代入すれば 1 になり，それ以外の $x_k$ を代入すると 0 になる．そのため，$f(x_i) = y_i$ を満たすことがわかるからである．

$$\prod_{k \neq i} \frac{x - x_k}{x_i - x_k}$$

$f(x)$ が 1 次関数の場合，$(x_1, y_1)$ と $(x_2, y_2)$ を通るから，

$$f(x) = y_1 \frac{x - x_2}{x_1 - x_2} + y_2 \frac{x - x_1}{x_2 - x_1}.$$

2 次関数の場合，$(x_1, y_1)$ と $(x_2, y_2), (x_3, y_3)$ を通るから，

$$\begin{aligned} f(x) = {} & y_1 \frac{(x - x_2)(x - x_3)}{(x_1 - x_2)(x_1 - x_3)} + y_2 \frac{(x - x_1)(x - x_3)}{(x_2 - x_1)(x_2 - x_3)} \\ & + y_3 \frac{(x - x_1)(x - x_2)}{(x_3 - x_1)(x_3 - x_2)}. \end{aligned}$$

この 2 次関数は第 4 章の数値積分におけるシンプソン法で利用する．

1 次関数，2 次関数に限らず，一般の $n$ 次関数についても同様である．このようにして得られる多項式の生成法を**ラグランジュ補間**とよぶ．図 **3.2** に 4 次関数の例を示した．5 点を与えて 4 次関数を定めている．

プログラムを使ってラグランジュ補間による多項式関数を構成しよう．$x$ に対

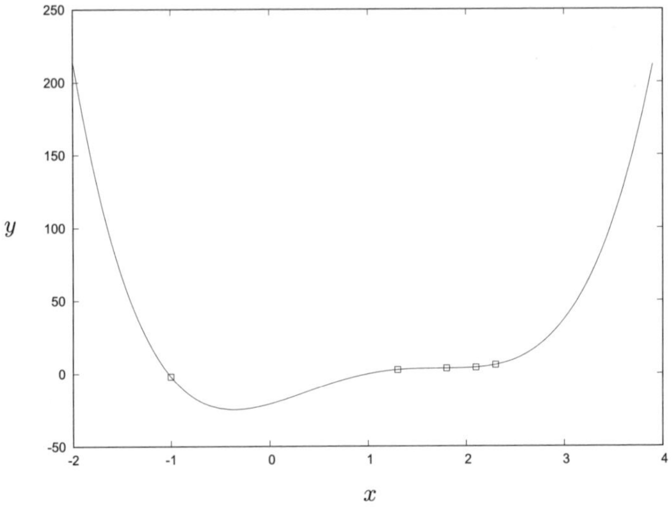


図 **3.2**　ラグランジュ補間を用いて 5 点 $(-1,-2)$, $(1.3,2.6)$, $(1.8,3.6)$, $(2.1,4.2)$, $(2.3,6.0)$ を通る 4 次関数を構成.

して (3.2) の $f(x)$ を返す関数を作成する．$f(x)$ は $n$ 個の点の座標と点の数 $n$ から定まる．本節ではこれらを引数として与える関数として $f(x)$ を実現する．

次のプログラムでは 5 点を通る 4 次関数 $f(x)$ について，$x$ の値に対応する $f(x)$ の値を実際に計算する．5 点の $x$ 座標と $y$ 座標は配列として与えておく．ラグランジュ補間のプログラム例を示す．このプログラム例によって図 **3.2** の元になるデータを作成した．5 点 $(-1,-2)$, $(1.3,2.6)$, $(1.8,3.6)$, $(2.1,4.2)$, $(2.3,6.0)$ を通る 4 次関数 $f(x)$ を構成し，$0 \leq x \leq 3$ なる $x$ の値について $f(x)$ の値を出力するプログラムである．

```
#include <stdio.h>


int n=5;
double x[5]={-1.0,1.3,1.8,2.1,2.3};
double y[5]={-2.0,2.6,3.6,4.2,6.0};
```

```
double f(double, int, double *, double *);

int main()
{
  int i;
  double z;
  /* x,f(x) の値を x=-2 から 3 まで 0.1 刻みで出力する.  */
  for(z=-2; z < 4; z+=0.1){
    printf( "%f %f\n", z,f(z, n, x,y));
  }
}

double f(double x0, int n, double xn[], double yn[])
{
  int i,k;
  double s=0, t=1;

  /* f(x) の和の部分を与える for 文 */
  for( i=0; i < n; ++i){
    t=yn[i];

    /* 積の部分を与える for 文 */
    for( k=0; k < n; ++k){
      if( k != i ){
        t *= __________________;
      }
    }
    s += t;
  }
  return(s);
}
```

**例題 3.2**

プログラム例の空欄に必要な処理を記述してプログラムを実行せよ.

**【解答例】** ラグランジュ補間の定義に従い,

$$\prod_{k\neq i}\frac{x-x_k}{x_i-x_k}$$

の各項を変数 t に順次掛けていく.

```
t *= (x0-xn[k])/(xn[i]-xn[k]);
```

### 3.2.2 ラグランジュ補間とヴァンデルモンド行列式

$n$ 次関数 $f(x)=a_nx^n+\cdots+a_1x+a_0$ のグラフが $xy$ 平面上の $n+1$ 個の点 $(x_1,y_1),\ldots,(x_{n+1},y_{n+1})$ を通るように係数 $a_n,\ldots,a_0$ を定めるには, $y_k=a_nx_k^n+\cdots+a_1x_k+a_0$ を満たせばよい. つまり, 次の連立方程式の解である.

$$\begin{pmatrix} x_1^n & x_1^{n-1} & \cdots & x_1 & 1 \\ x_2^n & x_2^{n-1} & \cdots & x_2 & 1 \\ \vdots & \vdots & & \vdots & \vdots \\ x_{n+1}^n & x_{n+1}^{n-1} & \cdots & x_{n+1} & 1 \end{pmatrix}\begin{pmatrix} a_n \\ \vdots \\ a_0 \end{pmatrix}=\begin{pmatrix} y_1 \\ \vdots \\ y_{n+1} \end{pmatrix}$$

この係数行列の行列式は**ヴァンデルモンド行列式**として有名である. 線形代数学の参考書を参照されたい.

$$d(x_1,\ldots,x_k,\ldots,x_{n+1})=\det\begin{pmatrix} x_1^n & \cdots & 1 \\ \vdots & & \vdots \\ x_{n+1}^n & \cdots & 1 \end{pmatrix}=\prod_{1\leq i<j\leq n+1}(x_j-x_i)$$

ラグランジュ補間とヴァンデルモンド行列式を比較すると, 次の関係式が成立する.

$$f(x)=\sum_{k=1}^{n+1}y_k\frac{d(x_1,\ldots,x,\ldots,x_{n+1})}{d(x_1,\ldots,x_k,\ldots,x_{n+1})}$$

ただし, 分子は $x_k$ を $x$ とおいている.

## 3.3　ニュートン補間

ラグランジュ補間は与えられた $n$ 点を通る $n-1$ 次関数として理解しやすい形であるが，$n+1$ 番目の点を加えて $n$ 次関数を作ろうとしたときに全ての係数を再計算しなければならない．この性質を改良して，**ニュートン補間**を与える．

### 3.3.1　ニュートン補間の考え方

$(x_1, y_1), (x_2, y_2), \ldots, (x_n, y_n)$ が与えられている．$(x_1, y_1)$ から $(x_k, y_k)$ までの $k$ 個の点を通る $k-1$ 次関数を $f_{k-1}(x)$ とおく．$k = 1, 2, \ldots$ について，次のように構成しよう．

$$
\begin{aligned}
f_0(x) &= y_1 \\
f_1(x) &= \left(\frac{y_1}{x_1 - x_2} + \frac{y_2}{x_2 - x_1}\right)(x - x_1) + f_0(x) \\
f_2(x) &= \left(\frac{y_1}{(x_1 - x_2)(x_1 - x_3)} + \frac{y_2}{(x_2 - x_1)(x_2 - x_3)} + \frac{y_3}{(x_3 - x_1)(x_3 - x_2)}\right) \\
&\quad \times (x - x_1)(x - x_2) + f_1(x)
\end{aligned}
$$

これらは，対応するラグランジュ補間で構成した関数に一致している．一般に，$f_k(x)$ と $f_{k-1}(x)$ の関係は次の形の漸化式となる．

$$
f_k(x) = f_{k-1}(x) + \left(\sum_{i=1}^{k} \frac{y_i}{\prod_{j=1,\ldots,k(j\neq i)}(x_i - x_j)}\right)\prod_{l=1}^{k}(x - x_l)
$$

ニュートン補間のプログラム例を示す．与える座標値はラグランジュ補間のプログラム例と同じである．

```
#include <stdio.h>


#define N 5
double x[N]={-1.0,1.3,1.8,2.1,2.3};
double y[N]={-2.0,2.6,3.6,4.2,6.0};


double f(double, int, double *, double *);
```

```
int main()
{
  int i;
  double z;

  for(z=0; z<10; z+=0.1){
    printf( "%f %f\n", z,f(z, N, x, y));
  }
}

double f(double x0, int n, double xn[], double yn[])
{
  int i,j,k,l;
  double s=0,t=1, u=1, v=0, ret;

  s=yn[0];
  for(k=1; k<n; ++k){
    v=0;
    for(i=0; i<=k; ++i){
      u=1;
      for(j=0; j<=k; ++j){
        if(j!=i){
          u*=(xn[i]-xn[j]);
        }
      }
      v+=yn[i]/u;
    }
    t=1;
    for(l=0; l<k; ++l){
      t*=(x0-xn[l]);
    }
    s+=v*t;
```

```
  }
  return(s);
}
```

ただし，このプログラム例は 3 重の for 文を含んでおり，効率はあまり良くない．

### 3.3.2　ニュートン補間の係数

ニュートン補間の係数は帰納的に定義できる．これを**差商**とよぶ．一般に，次の形で定義する．

$$[y_l] = y_l, \quad [y_n, \ldots, y_{n+k}] = \frac{[y_{n+1}, \ldots, y_{n+k}] - [y_n, \ldots, y_{n+k-1}]}{x_{n+k} - x_n}$$

差商を用いればニュートン補間の漸化式を次のように書き直すことができる．

$$f_k(x) = f_{k-1}(x) + [y_1, \ldots, y_k] \prod_{l=1}^{k} (x - x_l)$$

差商を実際に求める場合は，二項係数におけるパスカルの三角形のように，表 **3.1** の関係式を使うとよい．$[y_i]$ から $[y_i, y_j]$ を順に計算し，$[y_i, y_j]$ から $[y_i, y_j, y_k]$ を順に計算する過程がパスカルの三角形を構成する過程と全く同じである．

$N$ 次正方行列 $A$ の $i$ 行 $j$ 列成分 $a_{ij}$ について $a_{ij} = [y_i, \ldots, y_{i+j-1}]$ とおけば，第 1 列から順に行列 $A$ の成分へ差商を格納できる．プログラム例を下記に示す．

表 **3.1**　差商の定義をパスカルの三角形のように表示

| | | |
|---|---|---|
| $[y_1] = y_1$ | | |
| | $[y_1, y_2] = \frac{[y_2]-[y_1]}{x_2-x_1} = \frac{y_2-y_1}{x_2-x_1}$ | |
| $[y_2] = y_2$ | | $[y_1, y_2, y_3] = \frac{[y_2,y_3]-[y_1,y_2]}{x_3-x_1}$ |
| | $[y_2, y_3] = \frac{[y_3]-[y_2]}{x_3-x_2} = \frac{y_3-y_2}{x_3-x_2}$ | |
| $[y_3] = y_3$ | | $[y_2, y_3, y_4] = \frac{[y_3,y_4]-[y_2,y_3]}{x_4-x_2}$ |
| | $[y_3, y_4] = \frac{[y_4]-[y_3]}{x_4-x_3} = \frac{y_4-y_3}{x_4-x_3}$ | |
| $[y_4] = y_4$ | | |

```
#include <stdio.h>

#define N 5
double x[N]={-1.0,1.3,1.8,2.1,2.3};
double y[N]={-2.0,2.6,3.6,4.2,6.0};

double A[N][N];

double f(double, int, double *, double *);

int main()
{
  int i,j,k;
  double z;

  for(i=0; i<N; ++i){
    for(j=0; j<N; ++j){
      A[i][j]=0;
    }
  }

  for(i=0; i<N; ++i){
    A[i][0]=y[i];
  }

  for(j=1; j<N; ++j){
    for(i=0; i<N-j; ++i){
      A[i][j]=(A[i+1][j-1]-A[i][j-1])/(x[i+j]-x[i]);
    }
  }

  for(i=0; i<N; ++i){
    for(j=0; j<N; ++j){
```

```
      printf("%f ",A[i][j]);
    }
    printf("\n");
  }

  for(z=0; z<10; z+=0.1){
    printf( "%f %f\n", z,f(z, N, x, y));
  }

}

double f(double x0, int n, double xn[], double yn[])
{
  int i,j,k,l;
  double s=0,t=1, u=1, v=0;

  s=yn[0];
  for(k=1; k<n; ++k){
    t=1;
    for(l=0; l<k; ++l){
      t*=(x0-xn[l]);
    }
    t*=A[0][k];
    s+=t;
  }
  return(s);
}
```

## 演習問題

1. 各プログラム例の冒頭に与えている $n$ 個の座標データをファイルから読み込む処理を付け加えよ.
2. ラグランジュ補間（3.2 節）およびニュートン補間（3.3 節）の結果として得られる関数 $f(x)$ は各座標データ $(x_i, y_i)$ について実際に $f(x_i) = y_i$ となることを確認する処理をプログラム例に追加せよ.

### 正の整数のはずが負の整数に

選挙速報のテレビ番組の裏では刻々と変化する得票を更新するシステム担当班が活躍する. 記憶している限りでは 1990 年のある選挙速報のことである. 当時は 16 ビット CPU を搭載した PC が主流であり, 得票情報などを C 言語で作成したプログラムによって処理していた. 開票速報も佳境に入った頃に得票数が負になった候補者が出たという. 明らかにおかしい. システム担当班はプログラムの点検を開始し, すぐに原因を突き止めた.

当時の PC の C 言語において 16 ビット CPU の int 型は 16 bit で定義されていた. 16 bit を正の整数で使い切ると $2^{16} = 65535$ までの範囲を扱うことができる. 多くの選挙区では得票数をこれだけの範囲で保持すれば十分ということで変数を `unsigned int` 宣言すればよいのである. ところがこれを単に `int` 宣言すると, 15 bit の上限である $2^{15} = 32767$ を超えて 16 bit 目が 1 になった瞬間, 2 の補数表示によって負の数と判断される. これは, 学生時代に筆者の友人から聞いた実話である. 友人はアルバイトとしてシステム担当班に入っていた. 現実に得票数が負になった画面を見たときは真っ青になったそうだが, 幸い放映はされなかったそうである. この挙動を確かめるプログラムは簡単である. 1 を代入した変数を 2 倍し続ければいずれ最上位桁が 1 となる. 例えば次のように書ける.

```
#include <stdio.h>
int main()
{
  int k=1;
  short int n=1;
  for( k=1; k<16; ++k){
```

```
      n*=2;
      printf("%d\n",n);
    }
}
```

実行結果は次のようになる（数行を省略した）．1 を 2 倍し続けた結果，最後の出力結果は負の数である-32768 となっている．プログラム中，unsigned short int とすれば正しく処理される．

```
512
1024
2048
4096
8192
16384
-32768
```

# 第 4 章
# 数値積分の初歩

関数 $f(x)$ を区間 $[a,b]$ で定積分するには，微分積分学の基本定理による公式

$$\int_a^b f(x)dx = F(b) - F(a)$$

を用いる．ただし，原始関数 $F(x)$ を求める必要がある．原始関数は必ずしも初等関数を用いて書けるとは限らないのだった．原始関数を求められない関数の例は $\exp(-x^2)$, $\dfrac{\sin(x)}{x}$ などである．本章では，原始関数を求められない場合でも定積分を計算するために，数値的に定積分を求める手法を与えていく．

定積分の値は被積分関数 $f(x)$ のグラフ $y = f(x)$ と $x$ 軸，直線 $x = a$，直線 $x = b$ の囲む図形の面積でもあるから，区分求積法をもとにしたプログラムによって定積分の値を求めることができる．原始関数を求めることのできない関数 $f(x)$ について，定積分 $\displaystyle\int_a^b f(x)dx$ の近似値を数値計算によって求める手法を**数値積分**とよぶ．

数値積分の初歩的な手法として，面積の計算に相当する直観的に理解しやすい台形則と，台形則よりも高速に計算できるシンプソン法を扱う．最後に，補外によって高速化するロンバーグ法をみる．実用的には目的に応じて許容する誤差が決まってくる．必要な近似値を数値計算によって求めることが重要である．

## 4.1 台　形　則

定積分 $\displaystyle\int_a^b f(x)dx$ の積分区間を幅 $h$ の小区間に分割して計算することを考える．小区間 $[c, c+h]$ での定積分の値 $\displaystyle\int_c^{c+h} f(x)dx$ を小区間の端点での $f(x)$ の値 $f(c)$, $f(c+h)$ を用いて台形の面積

$$\frac{f(c)+f(c+h)}{2}h$$

で近似する手法を**台形則**とよぶ．本節では，プログラムが正しく動いていることを確かめるため，原始関数を求められる関数 $f(x)$ に対して実行する．典型的には $f(x)=x^2$ などとする．

区間 $[a,b]$ を幅 $h$ の小区間に $n$ 分割するなら $h=\dfrac{b-a}{n}$ であり，$k$ 番目の小区間は $[a+kh, a+(k+1)h]$ となる．$0 \leq k \leq n-1$ である．従って，定積分

$$\int_a^b f(x)dx = \sum_{k=0}^{n-1}\int_{a+kh}^{a+(k+1)h} f(x)dx$$

は台形則によって次のように近似することができる．

$$\sum_{k=0}^{n-1}\frac{f(a+kh)+f(a+(k+1)h)}{2}h$$

積分区間の端点を $a,b$ として $h=\dfrac{b-a}{n}$ とおく．$[a+kh, a+(k+1)h]$ における台形の面積を求め，$k$ について総和をとる処理は double 型の変数 `s` を用意して順次 `(f(a+k*h)+f(a+(k+1)*h))*h/2` を加算する．

```
double s=0.0;
for( k=0; k < n ; ++k ){
  s+=(f(a+k*h)+f(a+(k+1)*h))*h/2;
}
printf( "%d, %f\n", n, s);
```

この処理では，$k=0$ と $k=n-1$ 以外 $f(a+kh)$ という同じ値を 2 回計算している．重複する和を整理する．数式では次のように変形する．

$$\sum_{k=0}^{n-1}\frac{f(a+kh)+f(a+(k+1)h)}{2}h = \frac{f(a)+f(b)}{2}h + \sum_{k=1}^{n-1} f(a+kh)h$$

従って，次の処理に変更してよい．空欄は上式を参考のこと．全く同じ計算を繰り返さないことは処理効率を上げ高速化をはかる上で重要である．

```
double s=(f(a)+f(b))*h/2;
for( k=1; k < n; ++k){
  ------------------;
}
```

台形則を使い，真の値がわからない場合にプログラムを停止させる条件を考える．

上のプログラムは，あらかじめ定めた分割数 $n$ に対して数値積分した結果を返すプログラムだった．実際に与えられる条件は真の値と数値積分結果との差を誤差とすることが多いから，方程式の解を求めた場合と同様に考える．

(1) 定積分の真の値に近い値（近似値）を求めるために，収束する条件を考える．分割数が $n$ であるときの値と $n+1$ であるときの値が小さくなったときに止める．
(2) 定積分の真の値と，プログラムでの数値計算結果との間で許容できる誤差をあらかじめ与えておく．この許容できる誤差を格納する変数名を eps とする．
(3) 計算結果と真の値との差を許容する誤差に近づけるためにプログラム中で $n$ を自動的に増やしながら計算する．
(4) 真の値と計算結果との差が許容する誤差を下回ったら計算を止めることにしたい．

$f(x) = x^2$ を 0 から 1 まで定積分すると，真の値は $\dfrac{1}{3}$ である．真の値がわかっていれば次のようなプログラムでよい．

```
/* 許容する誤差 */
double eps=1.0e-7;
/* 真の値との差．初期値は err > eps と与えておく．*/
double err=1.0;
int n=1;
double a=0, b=1;
double h=(b-a)/n;
double s=(f(b)+f(a))*h/2; /* n=1 の場合の計算値 */
```

```
/* 真の値との差 err が eps よりも大きい間は計算を続ける. */
while( err > eps ){
  /* n を定めた場合の台形則の計算 */
  ++n;
  h=(b-a)/n;
  s=(f(a)+f(b))*h/2;
  for(k=1; k < n; ++k){
    -------------
  }
  /* 真の値との差の絶対値 */
  err=fabs(s-1/3);
  printf("%d %f\n", n, s);
}
```

分割数 $n$ の場合の $s$ の値と分割数 $n+1$ の場合の $s$ の値の差が許容する誤差を下回るまで $n$ を増やして計算を続けるように変更する.

```
/* 計算結果と真の値の差:初期値は err > eps とする. */
double err=1.0;
double eps=1.0e-7;  /* 許容する誤差: 小数点以下 7 桁. */
int n=1;
double a=0, b=1;
double h=(b-a)/n;
double s0=(f(b)+f(a))*h/2; /* n=1 の場合の計算値 */
double s;
/* 誤差 err が eps よりも大きい間は計算を続ける. */
while( err > eps ){
  /* n を定めた場合の台形則の計算 */
  ++n;
  h=(b-a)/n;
  s=(f(a)+f(b))*h/2;
  for(k=1; k < n; ++k){
      -------------
  }
```

```
    /* n の場合の値 s0 と n+1 の場合の値 s との差の絶対値 */
   err=fabs(s-s0);
   printf("%d %f\n", n, s);
   s0=s;    /* 次のステップで使う s0 の値は現在の s の値 */
 }
```

プログラム例を実行すると，次の出力結果を得る．問題点に気付くだろうか．

出力結果

```
n s
2 0.3750000000
3 0.3518518519
4 0.3437500000
5 0.3400000000
...
142 0.3333415989
143 0.3333414837
144 0.3333413709
145 0.3333412604
146 0.3333411522
147 0.3333410462
148 0.3333409423
149 0.3333408405
150 0.3333407407
```

実行結果として，計算結果は許容する誤差の範囲に得られているか，許容する誤差を満たす結果を得るまでの計算回数は多すぎないかを判断する．

まず，許容する誤差である 7 桁が得られていない．$n = 149$ と $n = 150$ での計算結果と真の値の差は実際には $1.0 \times 10^{-4}$ 程度である．そうであるにも関わらず，両者の差が許容する誤差を下回ったために台形則の計算が終了してしまった．このように，近い数値の差をとると有効桁数が減少してしまう．台形則の収束が遅いために生じた問題である．また，収束が遅いことの一面として，関数 f(x) の総計算回数が多い．

これらの問題を改善するために，分割の取り方を変更する．単純に分割数を増加しても，分割数 $n$ での計算結果と $n+1$ での計算結果の間に共通項がない点に問題がある．$n$ での計算結果を $n+1$ でもうまく利用して $f(x)$ などの計算回数を減らし，計算の効率を上げたい．

具体的には，$n$ 段階での分割数を $2^n$ にとる．分割数 $2^{n+1}$ の場合の各小区間の端点は，$2^n$ の場合の小区間の端点と一致しているか，中点となっているかのどちらかである．この性質を利用すると，次の関係式が成立する．分割数 $2^n$ の場合の和をうまく利用して，分割数 $2^{n+1}$ の場合の和を効率良く計算している．

$$\sum_{k=1}^{2^{n+1}-1} f(a+kh)h = \sum_{k=1}^{2^n-1} \frac{f(a+k(2h))(2h)}{2} + \sum_{k=1}^{2^n-1} f(a+(2k-1)h)h$$

台形則を高速化したプログラム例を次に示す．

```
#include <stdio.h>
#include <math.h>
#include <stdlib.h>

double f(double);

int main()
{
  int n=1;
  int k;
  double a=0, b=1;
  double h=(b-a)/n;
  double s0=(f(a)+f(b))*h/2;
  double s;
  double err=1.0;
  double eps=1.0e-7;
```

```
  /* 真の値との差 err が eps よりも大きい間は計算を続ける. */
  while( err > eps ){
    /* n を定めた場合の台形則の計算 */
    n=n*2;
    h=h/2;
    s=s0/2;
    for( k=1; k < n; k+=2 ){
      -------------
    }
    err=fabs(s-s0);
    printf("%d %.10f\n", n, s);
    s0=s;
  }
}

double f(double x)
{
  return(x*x);
}
```

**例題 4.1**

台形則を高速化したプログラムの下線部に適切な処理を補って実行せよ.

【解答例】 下線部のみ示す.

```
s+=f(a+k*h)*h;
```

改良した結果, $n = 12$, $2^{12} = 4096$ 分割まで繰り返すことで 7 桁の許容する誤差を満足する定積分の値を得ることができた. 分割数を $2^n$ としているため指数的な収束になっており, 桁落ちもない.

出力結果

```
2 0.3750000000 0.1250000000
4 0.3437500000 0.0312500000
8 0.3359375000 0.0078125000
16 0.3339843750 0.0019531250
32 0.3334960938 0.0004882812
64 0.3333740234 0.0001220703
128 0.3333435059 0.0000305176
256 0.3333358765 0.0000076294
512 0.3333339691 0.0000019073
1024 0.3333334923 0.0000004768
2048 0.3333333731 0.0000001192
4096 0.3333333433 0.0000000298
```

## 4.2　シンプソン法

台形則は小区間 $[c, c+h]$ の積分値を台形の面積

$$(f(c)+f(c+h))\frac{h}{2}$$

で近似した．2 点 $(c, f(c)), (c+h, f(c+h))$ を通る直線で $f(x)$ を近似したことになっている（図 **4.1**）．この直線の方程式は次の通りである．

$$y = \frac{f(c+h)-f(c)}{c+h-c}(x-c)+f(c)$$

得られた直線を $[c, c+h]$ で積分すると台形の面積が出る．

直線での近似を曲線での近似に置き換えることで，さらに効率の良い手法が得られると予想する．2 次関数を用いる手法が**シンプソン法**である．シンプソン法では，小区間 $[c, c+h]$ で $\int_c^{c+h} f(x)dx$ を 3 点 $(c, f(c))$, $\left(c+\frac{h}{2}, f\left(c+\frac{h}{2}\right)\right)$, $(c+h, f(c+h))$ を通る 2 次関数の積分で近似する（図 **4.2**）．この 2 次関数は下記の通り**ラグランジュ補間**によって決めればよい．

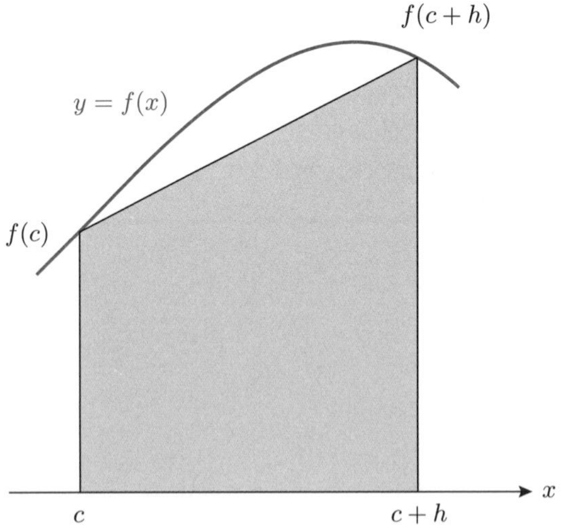


図 **4.1**　$y = f(x)$ のグラフと $x = c$, $x = c+h$ での台形の関係

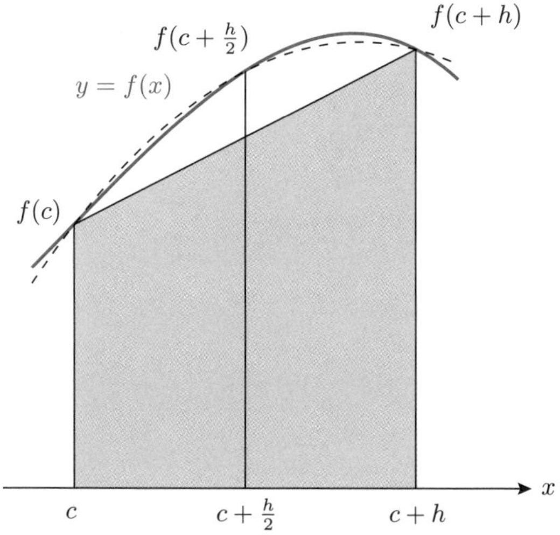


図 **4.2**　破線は 3 点を通る 2 次関数のグラフ．ラグランジュ補間によって定まる．

$$
\begin{aligned}
&f(c+h)\frac{(x-c)(x-(c+\frac{h}{2}))}{(c+h-c)\{c+h-(c+\frac{h}{2})\}} \\
&+f\left(c+\frac{h}{2}\right)\frac{(x-c)(x-(c+h))}{(c+\frac{h}{2}-c)\{c+\frac{h}{2}-(c+h)\}} \\
&+f(c)\frac{\{x-(c+h)\}\{x-(c+\frac{h}{2})\}}{\{c-(c+h)\}\{c-(c+\frac{h}{2})\}}
\end{aligned}
$$

上記の 2 次関数を区間 $[c, c+h]$ で積分すると次の式を得る．

$$
\left(f(c)+4f\left(c+\frac{h}{2}\right)+f(c+h)\right)\frac{h}{6}
$$

従って，次の和を計算すればよい．

$$
\int_a^b f(x)dx=\sum_{k=0}^{n-1}\left(f(a+kh)+4f\left(a+\left(k+\frac{1}{2}\right)h\right)+f(a+(k+1)h)\right)\frac{h}{6}
$$

台形則と同様，同じ項を繰り返し計算している部分を簡約し，次のように変形する．

$$(f(a)+f(b))\frac{h}{6}+\sum_{k=1}^{n-1}2f(a+kh)\frac{h}{6}+\sum_{k=0}^{n-1}4f\left(a+\left(k+\frac{1}{2}\right)h\right)\frac{h}{6}$$

さらに，分割数を $2^n$ で増加させる．

$$(f(a)+f(b))\frac{h}{6}+\sum_{k=1}^{2^n-1}2f(a+kh)\frac{h}{6}+\sum_{k=0}^{2^n-1}4f\left(a+\left(k+\frac{1}{2}\right)h\right)\frac{h}{6}$$

$2^0=1$ 分割のとき，上の和は次のようになっている（$h=b-a$）．

$$(f(a)+f(b))\frac{h}{6}+0+4f\left(a+\frac{h}{2}\right)\frac{h}{6}$$

$2^1=2$ 分割のときは次のようになっている $\left(h=\dfrac{b-a}{2}\right)$．

$$(f(a)+f(b))\frac{h}{6}+2f(a+h)\frac{h}{6}+\left(4f\left(a+\frac{h}{2}\right)+4f\left(a+\frac{3h}{2}\right)\right)\frac{h}{6}$$

1 分割の第 2 項までの和を se0，第 3 項を so0 とおく．2 分割のときの和は，上式の第 2 項までの和 se について se=se0/2+so0/4 である．また，第 3 項 so は和を直接計算する．分割数が 4, 8, 16, ... と増加しても同様である．

シンプソン法のプログラム例を示す．

```
#include <stdio.h>
#include <math.h>

double f(double);

int main()
{
  int k;
  double eps=1.0e-7;
  double err=1.0;

  int n=1;
  /* M_PI は math.h 中で宣言されている円周率 */
```

```
  double a=0.0, b=M_PI;
  double h=(b-a)/n;
  double se0=(f(a)+f(b))*h/6;
  double so0=4*f((a+b)/2)*h/6;
  double s,se,so;
  /* while 文と同等の for 文 */
  for( n=2; eps < err; n*=2 ){
    h=h/2;
    se=se0/2+so0/4;
    so=0;
    for( k=0; k < n; ++k ){
      ____ 4*f(a+k*h+h/2);
    {
    so *= h/6;
    err=fabs(so+se-so0-se0);
    printf("%d %.9f %.9f\n", n,so+se,err);
    se0=se;
    so0=so;
  }
}

double f(double x)
{
  return(sin(x));
}
```

**例題 4.2**

シンプソン法のプログラム例について，下線部を埋めて実行せよ．

**【解答例】** 解説の通り so+=4*f(a+k*h+h/2); とすればよい．

## 4.3 ロンバーグ法

台形則もシンプソン法も定積分の積分区間を分割して直接的に計算した．**ロンバーグ法**は，台形則の計算結果を利用して補外することで効率的な数値積分を行う手法である．

分割数 $n$ での刻み幅を $h_n$ とおき，このときの台形則による数値積分値を $I_n$ とおく．$I_n$ は $n$ を無限大にとる極限（$h_n$ を 0 にとる極限）で定積分の真の値に収束すると考えて，この極限値を次のように近似する．

台形則では $h_n^2$ 程度で収束することがわかっていたから，2 点 $(h_n^2, I_n)$, $(h_{n+1}^2, I_{n+1})$ を通る直線をとる．**ラグランジュ補間**を考えればよい．変数を $h, I$ とする．

$$I = I_{n+1}\frac{h - h_n^2}{h_{n+1}^2 - h_n^2} + I_n\frac{h - h_{n+1}^2}{h_n^2 - h_{n+1}^2}$$

この直線上の $h = 0$ における $I$ の値（直線の $y$ 切片）を定積分の近似値として用いる．この $I$ の値は $h_n, I_n, h_{n-1}, I_{n-1}$ によって定まる値であり，$I_{n,1}$ と書くことにする．もとの数値積分の値 $I_n, I_{n+1}$ をあらためて $I_{n,0}, I_{n+1,0}$ と書く．

$$I_{n,1} = \frac{h_{n+1}^2 I_{n,0} - h_n^2 I_{n+1,0}}{h_{n+1}^2 - h_n^2}$$

このように得られた $I_{n,1}$ の列から，同様に $I_{n,2}$, $I_{n,3}$, …, $I_{n,l}$ を求めることができる．

$$I_{n,l+1} = \frac{h_{n+1}^2 I_{n,l} - h_n^2 I_{n+1,l}}{h_{n+1}^2 - h_n^2}$$

この $I_{n,l}$ を表に書いて**ロンバーグ表**とよぶ（表 **4.1**）．ロンバーグ表を計算する順番は，$I_{0,0}$, $I_{1,0}$, $I_{1,1}$, $I_{2,0}$, $I_{2,1}$, $I_{2,2}$, … である．$I_{k,l}$（$k \leq n$）は全て計算が終わった上で $I_{n,0}$ を計算し，$I_{n,1}$ から $I_{n,n}$ までを計算する．この $I_{n,n}$ がよい数値積分結果となっている．

ロンバーグ法のプログラム例を示す．これは

$$f(x) = \frac{4}{1 + x^2}$$

を区間 $[0, 1]$ で数値積分する例である．定積分の値は円周率 $\pi$ である．

表 **4.1**　ロンバーグ表

| | | | |
|---|---|---|---|
| $I_{0,0}$ | | | |
| $I_{1,0}$ | $I_{1,1}$ | | |
| $I_{2,0}$ | $I_{2,1}$ | $I_{2,2}$ | |
| $I_{3,0}$ | $I_{3,1}$ | $I_{3,2}$ | $I_{3,3}$ |
| $I_{4,0}$ | $\cdots$ | $\cdots$ | $\cdots$ |

```
#include <stdio.h>
#include <math.h>
#include <stdlib.h>

double f(double);

#define N 10
double I[N][N];

int main()
{
  int n=1;
  int k;
  int l,m,p; /* ロンバーグ表 */
  double a=0, b=1;
  double h=(b-a)/n;
  double s0=(f(a)+f(b))*h/2;
  double s;
  double err=1.0;
  double eps=1.0e-7;

  m=0;
  l=0;
  I[m][l]=s0;
```

```
  while( err > eps ){
    /* 台形則 */
    n=n*2;
    h=h/2;
    s=s0/2;
    for( k=1; k < n; k+=2 ){
      s+=f(a+k*h)*h;
    }
    s0=s;

    /* ロンバーグ表の作成 */
    m+=1;
    l=0;
    p=1;
    I[m][l]=s0;
    for( l=1;l<=m;++l){
      p*=4;
      I[m][l]=(p*I[m][l-1]-I[m-1][l-1])/(p-1);
    }
    err=fabs(I[m][m]-I[m][m-1]);
  }
  /* ロンバーグ表の出力 */
  k=m;
  for( m=0;m<k+1;++m){
    for( l=0;l<=m;++l){
      printf("%.10f ",I[m][l]);
    }
    printf("\n");
  }
}

double f(double x)
{
```

```
  return(4/(1+x*x));
}
```

このプログラムは表 **4.2** に示すロンバーグ表を出力する．台形則を用いており，分割数 $n$ は 2 のべき乗であることに注意しよう．

表 **4.2**　ロンバーグ表の出力結果

| $n$ | $I_{n,0}$ | $I_{n,1}$ | $I_{n,2}$ | $I_{n,3}$ | $I_{n,4}$ |
|---|---|---|---|---|---|
| 1 | 3.0000000000 | | | | |
| 2 | 3.1000000000 | 3.1333333333 | | | |
| 4 | 3.1311764706 | 3.1415686275 | 3.1421176471 | | |
| 8 | 3.1389884945 | 3.1415925025 | 3.1415940941 | 3.1415857838 | |
| 16 | 3.1409416120 | 3.1415926512 | 3.1415926611 | 3.1415926384 | 3.1415926653 |

ロンバーグ表を見るとシンプソン法と分割数は大きく変わらない．しかし，台形則と補外の組み合わせであるから，被積分関数 $f(x)$ の計算回数がシンプソン法よりも少なくなっている．

## 4.4 誤差評価

### 4.4.1 台形則

まず次の式を計算しておく．小区間 $[c, c+h]$ での台形の斜辺を表す直線と $f(x)$ の差であり，端点で一致していることに注意する．

$$f(c) + (f(c+h) - f(c))\frac{(x-c)}{h} - f(c+(x-c))$$

テイラー展開を利用して次を得る．

$$f''(c)(x-c)\frac{h}{2} - f''(c)\frac{(x-c)^2}{2} + o(h^2)$$

$[c, c+h]$ で積分すると次を得る．

$$f''(c)\frac{h^3}{4} - f''(c)\frac{h^3}{6} = f''(c)\frac{h^3}{12} = f''(c)\frac{(b-a)^3}{12}n^{-3}$$

この段階で台形則は $h^3$ 程度の誤差を含む．$n$ 分割であれば小区間の和は $n$ 項の和であり，誤差は $n \times h^3 \sim n^{-2}$ 程度となる．

### 4.4.2 シンプソン法

シンプソン法の誤差を評価する．まず区間 $[c, c+h]$ でラグランジュ補間による 2 次関数の積分を $h$ の 4 次の項まで展開しておく．

$$\begin{aligned}&\left(f(c) + 4f\left(c+\frac{h}{2}\right) + f(c+h)\right)\frac{h}{6}\\&= f(c)h + f'(c)\frac{h^2}{2} + f''(c)\frac{h^3}{6} + f^{(3)}(c)\frac{h^4}{24} + o(h^4)\end{aligned}$$

また，被積分関数 $f(x)$ を $c$ を中心にテイラー展開した結果を $x$ の 3 次の項まで残した結果

$$\begin{aligned}&f(c+(x-c))\\&= f(c) + f'(c)(x-c) + f''(c)\frac{(x-c)^2}{2} + f^{(3)}(c)\frac{(x-c)^3}{6} + o(h^3)\end{aligned}$$

を $[c, c+h]$ で積分し，$h$ の 4 次の項まで残したもの

$$f(c)h + f'(c)\frac{h^2}{2} + f''(c)\frac{h^3}{6} + f^{(3)}(c)\frac{h^4}{24} + o(h^4)$$

を比較する．4 次の項まで一致しており，5 次以上の項を実際に計算すると一致しない．つまり，両者の誤差は $h^5 \sim n^{-5}$ 程度．区間数が $n$ 個程度であるから和をとった後の全体の誤差は $n^{-4}$ 程度になる．

### 4.4.3 分割数と丸め誤差

台形則の計算過程で分割数を大きくとり過ぎると**丸め誤差**が増大することを観察する．double 値のとりうる最小の桁は $10^{-14}$ 程度であり，台形則の計算誤差をこの程度にするために分割数を大きくすると，図 **4.3** のように丸め誤差が大きくなる．

この誤差の経過を出力するプログラムは次のようになる．誤差を $1.0 \times 10^{18}$ に設定し，分割数を 2 倍に増やしながら台形則のプログラムを実行するだけであるが，誤差だけでは計算を終了しないために分割数 $n$ に関する上限を終了条件に追加している．

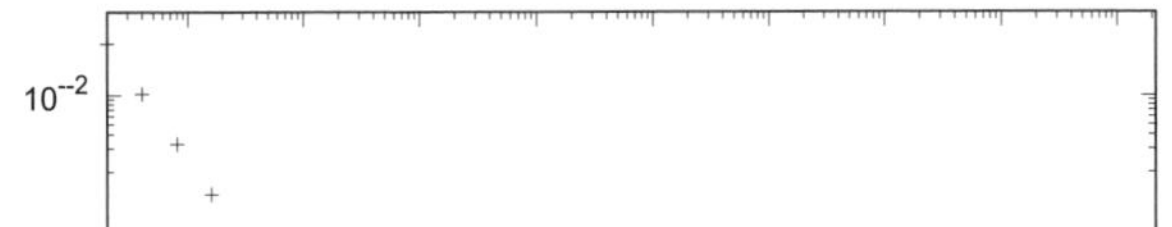


図 **4.3** 横軸が分割数の逆数，縦軸が誤差．台形則を用いて分割数を大きくし過ぎると丸め誤差が発生する例．$x^2$ を $[0,1]$ で数値積分している．分割数が $2^{26}$ ($\frac{1}{2^{26}} \approx 1.5 \times 10^{-8}$) を超えると丸め誤差が支配的になる．

```
#include <stdio.h>
#include <math.h>
#include <stdlib.h>

double f(double);

int main()
{
  unsigned long int n=1;
  int k;
  double a=0, b=1;
  double h=(b-a)/n;
  double s0=(f(a)+f(b))*h/2;
  double s;
  double err=1.0;
  double eps=1.0e-18;
  while( err > eps && 536870912ul*16>n){
    n=n*2;
    h=h/2;
    s=s0/2;
    for( k=1; k < n; k+=2 ){
      s+=f(a+k*h)*h;
    }
    err=fabs(s-1.0/3);
    printf("%lu %.18f %.18f\n", n, s, err);
    s0=s;
  }
}

double f(double x)
{
  return(x*x);
}
```

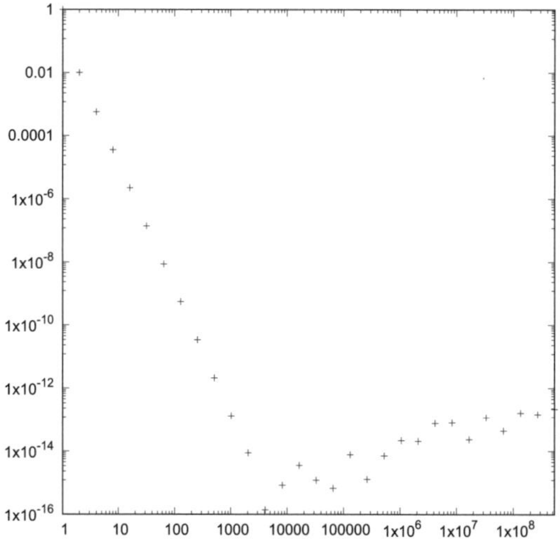


図 **4.4**　シンプソン法における分割数と数値誤差の例．分割数が大きすぎると丸め誤差が支配的になり，求める精度を実現できていない．

同様に，シンプソン法においても分割数を過大にとると丸め誤差が増大する例を示す．関数 $f(x) = x\cos x$ として $\left[0, \dfrac{\pi}{2}\right]$ で数値積分し，要求する精度を $1.0 \times 10^{-17}$ と設定する．真の値は $\dfrac{\pi}{2} - 1$ だから計算誤差は真の値と数値積分の値との差の絶対値で求められ，図 **4.4** に見るように過大な分割数による丸め誤差が大きくなる様子がわかる．

## 演 習 問 題

**1.**　台形則のプログラム例（4.1 節）とシンプソン法のプログラム例（4.2 節）について，数値積分の部分の処理を C 言語の関数として独立させ，結果のみ出力するように書き換えよ．

**2.**　定積分 $\displaystyle\int_0^1 e^x dx$ を許容する誤差 $1.0 \times 10^{-4}$ のもと台形則とシンプソン法で数値積分し，両者の分割数を比較せよ．

**3.**　$f(x) = \exp(-x^2)$ を区間 $[-1, 1]$ で許容する誤差 $1.0 \times 10^{-5}$ のもとシンプソン法によって数値積分せよ．

**映画に現れる数値解析**

1969 年のアポロ 11 号による月着陸によって冷戦期におけるアメリカ合衆国とソビエト連邦の宇宙開発競争は終了した．終始ソ連に先行されていた米国がケネディ大統領のライス大学における演説に始まる月着陸計画を完了した結果である．アポロ計画に先立つジェミニ計画，マーキュリー計画ではソ連に先行されながらも有人宇宙飛行を成功させた．

2018 年公開の映画「ドリーム」（原作：“Hidden Figures”）はマーキュリー計画を遂行する 1950 年代から 1960 年代に NASA に勤務する 3 名のアフリカ系女性を主人公とし，アフリカ系に対する差別を乗り越えてジェミニ計画の成功に向かう物語である．

この映画には数値解析に関する話題が随所に現れる．最初期の IBM メインフレームコンピュータが設置されたものの，動作しない．そのコンピュータ室に主人公の一人が入り込み，見事に動作させる．主人公は白人向けの図書館で FORTRAN などの図書を借り出し，自ら技能を蓄えていたのである．作中では公共施設が全て人種別に分けられている様子が描かれ，それを無視して白人向け図書館を利用する行為の危険性も伝わってくる．

あるいは行き詰まった軌道計算に対し，もう一人の主人公はニュートンの運動方程式を差分化して数値解を利用するよう提案する．字幕では「オイラー法！」と書かれていたものの，黒板に書いた式からは少なくとも 4 次のルンゲクッタ法のようであった．明確に描写されているわけではないが，軌道の厳密解を近似的に構成する方針が行き詰まっており，その状態を打破した画期的な発想という筋となっている．機械式の計算機によって膨大な単純計算を遂行する部門があるようでもあり，数値計算に頼り切ることのできない時代だったのだろうか．

最後の主人公は，昇進資格を得るために必要な授業を履修するため白人向けの学校に通い始める．白人向け以外の学校では開講されていないのだった．教員もクラスメイトも驚く中で平然と授業を受け，合格する様子が描かれる．

ソ連との熾烈な宇宙開発競争を繰り広げていた時期のアメリカ合衆国は，私たちの予想もつかないような差別が日常に存在し，その中で科学分野を切り拓いたストーリー構成に感服した．

# 第 5 章 常微分方程式

**常微分方程式**とは，未知の関数 $f(x)$ とその導関数 $f'(x)$ が満たすべき方程式である．ニュートンの運動方程式など，応用は広い．関数 $f(x)$ について導関数 $f'(x)$ の満たす方程式

$$f'(x) = x$$

は直接的に解くことができ，両辺を $x$ で積分すれば $f(x) = \dfrac{x^2}{2} + C$（$C$ は積分定数）である．$x = 0$ を代入すると $f(0) = C$ から $f(x) = x^2 + f(0)$ を得る．つまり，$f(0)$ を与えれば $f(x)$ が定まる．しかし，このように簡単な場合だけではない．

## 5.1　変数分離形の常微分方程式

次のような常微分方程式はどうだろうか．

$$f'(x) = f(x)$$

この場合，両辺を $x$ で積分しても右辺には $f(x)$ の原始関数が現れてしまい，うまくない．このような場合は

$$\frac{f'(x)}{f(x)} = 1$$

と変形し，両辺を $x$ で積分する．右辺はそのまま $x$ で積分し，左辺は置換積分による．$f(x) = u$ と置換することで $\displaystyle\int \frac{1}{u}\,du = \log|u| = \log|f(x)|$ となる．両辺の積分定数をまとめれば

$$\log|f(x)| = x + C$$

という未知関数 $f(x)$ に関する通常の方程式である．$C$ は積分定数である．$f(x)$ について整理する．

$$|f(x)| = e^{x+C}$$

$f(x)$ の連続性と符号を考慮して，

$$f(x) = e^{x+C} \text{ または } f(x) = -e^{x+C}$$

を得る．このように，常微分方程式を満たす関数は積分定数を含む．これを**一般解**とよぶ．また，$x = 0$ での初期値 $f(0)$ を与えると，積分定数 $C$ が $e^C = f(0)$ と定まる．従って，

$$f(x) = f(0)e^x$$

を得る．一般解に $x = 0$ での $f(x)$ の値として初期値 $f(0)$ を与えると，常微分方程式の解がただ1つ定まる．初期値を与えて微分方程式の解を求める問題を常微分方程式の**初期値問題**とよぶ．

今，$f'(x) = f(x)$ から $\dfrac{f'(x)}{f(x)} = 1$ と変形した．このように左辺は未知の関数 $f(x)$ とその導関数のみ，右辺は $x$ の関数のみになるよう変形できる常微分方程式を**変数分離形**とよぶ．変数分離形の常微分方程式を解くには置換積分を解析的に計算できることが必要である．しかし，不定積分を計算できる関数は限られているから必ずしも常微分方程式を解けるとは限らない．一方，常微分方程式は様々な応用分野に出現し，何らかの形で解けなければ困る．従って，数値計算によって解を求めることが必要となる．数値的に求めた解を**数値解**とよぶ．

本章では基本的な手法として，最も単純なオイラー法と，系統的に誤差を縮めることのできるルンゲクッタ法を扱う．右辺には $f(x)$ のみ出現する**自励系**を例に解説する．

## 5.2　オイラー法

前節で扱った最も簡単な自励系の常微分方程式 $f'(x) = f(x)$ を考える．まず，$f'(x)$ の定義を思い出そう．

$$f'(x) = \lim_{h \to 0} \frac{f(x+h) - f(x)}{h}$$

$h$ を微小な値として有限のままに固定すると，常微分方程式は次のように変形できる．

$$\frac{f(x+h) - f(x)}{h} = f'(x)$$

$h$ をはらうことで次を得る．

$$f(x+h) = f(x) + hf'(x)$$

上式において $x = 0$ とおくと $f(h)$ を $f(0)$ で表すことができる．

$$f(h) = f(0) + hf'(0)$$

また，$x = h$ とおけば $f(2h)$ を $f(h)$ で表せる．

$$f(2h) = f(h) + hf'(h)$$

以下同様に，$x = (n+1)h$ について $f((n+1)h)$ を $f(nh)$ で表せる．

$$f((n+1)h) = f(nh) + hf'(nh)$$

これは $f_n = f(nh)$ についての漸化式である．$f_0 = f(0)$ を与えることで初期値に対応する数値解を得ることができる．これを**オイラー法**とよび，$h$ を**刻み幅**とよぶ．オイラー法によって常微分方程式の数値解を求めるプログラムを書こう．

オイラー法によるプログラム例を示す．

```
int main()
{
  int i, n=100;
  double h=0.1;
  double f;
  f=0.001; /* 初期値 */
  for( i=1; i < n; ++i ){
    f=f+h*f;
    printf("%lf\n", f);
  }
}
```

変数 f の値が順次 $f(nh)$ を表している．

もう少し一般的な常微分方程式を考える．$F(t)$ を十分に微分可能な関数とすれば次の形の $f(x)$ に関する常微分方程式は自励系となる．

$$f'(x) = F(f(x))$$

一般解を具体的に求めることができるのは $\dfrac{1}{F(t)}$ が $t$ で不定積分できる場合だけであるが，オイラー法による数値解は求めることができる．

**例題 5.1**

先のプログラムを変更して，$F(t) = t(1-t)$ の場合を考えてみよう．つまり，次の常微分方程式である．

$$f'(x) = f(x)(1 - f(x))$$

一般解を求めることもできるが，まずオイラー法によって数値解を求めるプログラムを作成しよう．

**【解答例】**　$F(t) = t(1-t)$ に対応する C 言語の関数をプログラム内に定義する．プログラム例を次に示す．

```
double F(double);
int main()
{
  int i, n=100;
  double h=0.1;
  double f;
  f=0.001; /* 初期値 */
  for( i=1; i < n; ++i ){
    f=f+h*F(f);
    printf("%lf\n", f);
  }
}
double F(double t){
  return(t*(1-t));
}
```

## 5.3 ルンゲクッタ法

オイラー法によって常微分方程式の数値解を求めると誤差が大きく累積する．ルンゲクッタ法は，常微分方程式

$$f'(x) = F(f(x))$$

の誤差を系統的に縮める方法である．

まず，オイラー法の関係式を思い出そう．常微分方程式

$$f'(x) = F(f(x))$$

から，導関数の定義により $f'(x)$ を $\dfrac{f(x+h)-f(x)}{h}$ とおいて整理するのだった．

$$f(x+h) = f(x) + hF(f(x))$$

左辺は $x$ を中心に**テイラー展開**すると次を得る．

$$f(x+h) = f(x) + f'(x)h + f''(x)\frac{h^2}{2} + \cdots$$

与えた常微分方程式 $f'(x) = F(f(x))$ から，上式の右辺に現れる $f'(x)$ は $F(f(x))$ で置き換えることができる．

$$f(x+h) = f(x) + F(f(x))h + f''(x)\frac{h^2}{2} + \cdots$$

右辺をオイラー法の式と比較すれば $h$ に関する 1 次の項 $f(x+h) = f(x) + F(f(x))h$ まで一致する．つまり，誤差は $h^2$ に比例する．刻み幅 $h$ の 1 次の項まで一致しても，$n$ を $h^{-1}$ 程度までとると誤差は $n \times h^2 \sim h$ 程度に累積してしまい，$n$ をあまり大きくとることができない．

オイラー法の欠点を改良するために，$f(x+h)$ のテイラー展開を用いて，オイラー法よりも $h$ の次数が高い項まで一致するような誤差の小さい手法を発見することができる．

### 5.3.1 オイラー法の改良

**テイラー展開**を利用してオイラー法を改良しよう．$f(x+h)$ のテイラー展開について $h$ の 2 次の項までを残そう．

$$f(x+h) = f(x) + f'(x)h + \frac{1}{2}f''(x)h^2 + \cdots$$

オイラー法と同様に，$h$ の 1 次の項については常微分方程式 $f'(x) = F(f(x))$ の右辺を代入できる．

$$f(x+h) = f(x) + F(f(x))h + \frac{1}{2}f''(x)h^2 + \cdots$$

ところで，$f''(x) = \dfrac{d}{dx}F(f(x)) = F'(f(x))f'(x) = F'(f(x))F(f(x))$ と変形できるから，

$$f(x+h) = f(x) + F(f(x))h + \frac{1}{2}F'(f(x))F(f(x))h^2 + \cdots.$$

天下り的に次の変形を考える．

$$F(f(x) + \frac{1}{2}hF(f(x)))h = F(f(x))h + F'(f(x))\frac{1}{2}F(f(x))h^2 + \cdots)$$

つまり，$f(x) + F\left(f(x) + \dfrac{1}{2}hF(f(x))\right)h$ の 2 次の項までは $f(x+h)$ のテイラー展開の 2 次の項まで一致している．従って，次のようにオイラー法を修正すると $h$ の 2 次の項まで一致する数値解を得る．$f(x+h) = f(x) + F\left(f(x) + F(f(x))\dfrac{h}{2}\right)h$ を用いて

$$f_{n+1} = f_n + F\left(f_n + F(f_n)\frac{h}{2}\right)h. \tag{5.1}$$

右辺第 2 項の内部は複雑に見えるかもしれないが，関数 $F(t)$ だけを用いてオイラー法の誤差を下げることができている．これを**修正オイラー法**とよぶ．

オイラー法を改良して 2 次の項まで一致する関係式を得る手法は一般化できる．次のように $\lambda_0, \lambda_1, \alpha$ をおいて，$f(x+h)$ の 2 次の項まで一致するように $\lambda_0, \lambda_1, \alpha$ を定めることにする．

$$f(x+h) = f(x) + \lambda_0 F(f(x))h + \lambda_1 F(f(x) + \alpha F(f(x))h)h$$

1 次の項が一致する条件として $\lambda_0 + \lambda_1 = 1$ であり，2 次の項が一致するには $\lambda_1\alpha = \dfrac{1}{2}$ が必要である．式 (5.1) に与えた修正オイラー法は最も簡単な $\lambda_1 = 1$,

$\alpha = \dfrac{1}{2}$ に相当する．$\lambda_0 = \lambda_1 = \dfrac{1}{2}, \alpha = 1$ の場合を**ホイン法**とよぶ．

修正オイラー法によるプログラム例を示す．プログラム例の中で `h/2` という項が現れる．これを `(1/2)*h` と書いてしまうと，0 になるので注意する．C 言語では int 型と int 型の四則演算は int 型となるため，`1/2` は 0 と等しくなる．プログラム中の `h/2` は double 型と int 型の演算であり，C 言語においては自動的に double 型として計算されるため，正しい計算結果を与える．

```
double F(double);
int main()
{
  int i, n=100;
  double h=0.1;
  double f;
  f=0.001; /* 初期値 */
  for( i=1; i < n; ++i ){
    f=f+F(f+F(f)*h/2)*h;
    printf("%lf %lf\n", i*h, f);
  }
}
double F(double t){
  ----------
}
```

また，$\lambda_0 = \lambda_1 = \dfrac{1}{2}, \alpha = 1$ とおいてホイン法のプログラムとするには，for 文を次のように変更する．

```
for( i=1; i < n; ++i ){
  f=f+(F(f)+F(f+F(f)*h))*h/2;
  printf("%lf %lf\n", i*h, f);
}
```

**例題 5.2**

$F(t) = t(1-t)$ として上のプログラム例を実行せよ．

**【解答例】**　下線部を次のように埋めればよい．

```
double F(double t){
 return(t*(1-t));
}
```

常微分方程式 $f(x) = f'(x)$ について，オイラー法，修正オイラー法，真の解を図示した例を図 **5.1** に示す．誤差の違いがよくわかる．

### 5.3.2　ルンゲクッタ法

前節の手法からさらに誤差を小さくとるために，まず，$k_1, k_2, k_3, k_4$ を次のようにおく．

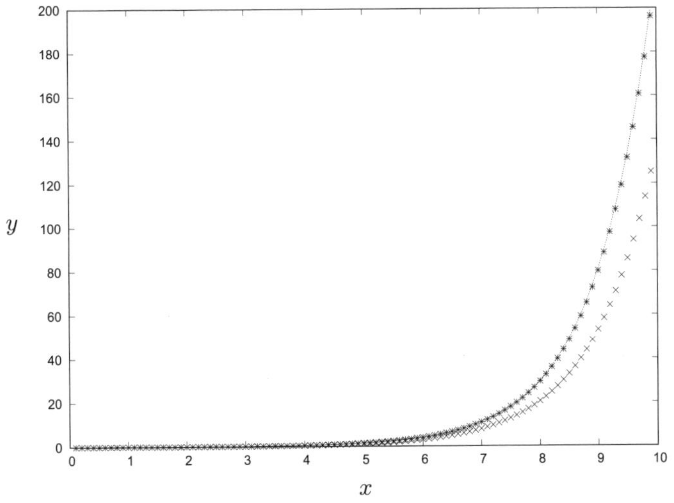


図 **5.1**　オイラー法の出力 (×)，修正オイラー法の出力 (∗)，真の解のグラフ（$y = C\exp(x), C = 0.01$）（破線）．修正オイラー法による出力結果は真の解に近く，オイラー法の誤差は計算を繰り返すごとに拡大することが観察できる．

$$
\begin{aligned}
k_1 &= F(f(x)) \\
k_2 &= F\left(f(x) + k_1\frac{h}{2}\right) \\
k_3 &= F\left(f(x) + k_2\frac{h}{2}\right) \\
k_4 &= F(f(x) + k_3 h)
\end{aligned}
$$

$f(x+h)$ を次のように定め，4 次のルンゲクッタ法，あるいは単に**ルンゲクッタ法**とよぶ．

$$f(x+h) = f(x) + (k_1 + 2k_2 + 2k_3 + k_4)\frac{h}{6}$$

詳細は記述しないが，**テイラー展開**によって右辺の $k_1$, $k_2$, $k_3$, $k_4$ から $h$ の 4 次の項までを取り出すと，$f(x+h)$ のテイラー展開の 4 次の項までと一致する．

さて，$f(x+h)$ のテイラー展開について，オイラー法は $h$ の 1 次の項まで一致した．誤差は $h^2$ に比例する．数値解を $n$ ステップだけ求めるとき，$h = n^{-1}$ と決めることにする．各ステップで $h^2$ だけ誤差が出ると，$n$ ステップでは $h^2n = h$ 程度の誤差である．つまり，$h$ に関する誤差の次数が 1 だけ悪くなる．$n^2$ ステップでは $h^2n^2$ 程度の誤差であるから，誤差は $h^0$ 程度となり数値解には定数項程度の誤差を含んでしまい，信用できないものとなる．

1 ステップでの $h$ に関する誤差の次数が高いほど長いステップの数値解を小さい誤差で計算できる．ルンゲクッタ法であれば 1 ステップでの誤差が $h^5$ 程度である．有限の時間までの値を計算するために $h^{-1}$ 程度のステップ数を要すると，誤差は $h^4$ 程度になる．

### 5.3.3　一　般　化

ここまで，自励系の常微分方程式について数値解を求めてきた．非自励系の常微分方程式

$$\frac{df}{dx}(x) = F(x, f(x))$$

については，ルンゲクッタ法を次のように考える．まず，$k_1$, $k_2$, $k_3$, $k_4$ を次のようにおく．

$$
\begin{aligned}
k_1 &= F(x, f(x)) \\
k_2 &= F\left(x + \frac{h}{2}, f(x) + k_1\frac{h}{2}\right) \\
k_3 &= F\left(x + \frac{h}{2}, f(x) + k_2\frac{h}{2}\right) \\
k_4 &= F(x + h, f(x) + k_3 h)
\end{aligned}
$$

$f(x+h)$ を次のように定めることで非自励系も自励系と同様にルンゲクッタ法を適用できる．

$$
f(x+h) = f(x) + (k_1 + 2k_2 + 2k_3 + k_4)\frac{h}{6}
$$

次に，2 つの関数 $f(x)$, $g(x)$ についての常微分方程式を考える．

$$
\begin{aligned}
\frac{df}{dx} &= F(x, f(x), g(x)) \\
\frac{dg}{dx} &= G(x, f(x), g(x))
\end{aligned}
$$

この常微分方程式にルンゲクッタ法を適用したい．まず $k_1$ から $k_4$ に加えて $l_1$ から $l_4$ を次のように用意する．

$$
\begin{aligned}
k_1 &= F(x, f(x), g(x)) \\
l_1 &= G(x, f(x), g(x)) \\
k_2 &= F\left(x + \frac{h}{2}, f(x) + k_1\frac{h}{2}, g(x) + l_1\frac{h}{2}\right) \\
l_2 &= G\left(x + \frac{h}{2}, f(x) + k_1\frac{h}{2}, g(x) + l_1\frac{h}{2}\right) \\
k_3 &= F\left(x + \frac{h}{2}, f(x) + k_2\frac{h}{2}, g(x) + l_2\frac{h}{2}\right) \\
l_3 &= G\left(x + \frac{h}{2}, f(x) + k_2\frac{h}{2}, g(x) + l_2\frac{h}{2}\right) \\
k_4 &= F(x + h, f(x) + k_3 h, g(x) + l_3 h) \\
l_4 &= G(x + h, f(x) + k_3 h, g(x) + l_3 h)
\end{aligned}
$$

これらを用いて，$f(x+h)$, $g(x+h)$ を次のように表し，目的の数値解を得られる．

$$f(x+h) = (k_1 + 2k_2 + 2k_3 + k_4)\frac{h}{6}$$

$$g(x+h) = (l_1 + 2l_2 + 2l_3 + l_4)\frac{h}{6}$$

### 5.3.4　常微分方程式の数値解と数値積分

常微分方程式 $f'(x) = F(f(x))$ の両辺を $x$ で $c$ から $c+h$ まで定積分すると次のようになる．

$$f(c+h) - f(c) = \int_c^{c+h} F(f(x))dx$$

右辺の定積分を分割数 1 の**台形則**，つまり台形の面積で与え，左辺の $f(c)$ を右辺に移項する．

$$f(c+h) = f(c) + (F(f(c+h)) + F(f(c)))\frac{h}{2}$$

$F(f(c+h))$ を次のように変形して $h$ について 1 次の項まで取り出す．

$$F(f(c+h)) = F(f(c) + f'(c)h + \cdots) = F(f(c)) + F'(f(c))F(f(c))h + \cdots$$

ここで，$f'(c) = F(f(c))$ を用いた．結局，台形則から出発してオイラー法の誤差を $h$ の 2 次の項まで改良した結果を得られることがわかった．

一方，台形則にかえて**シンプソン法**を用いると次のようになる．

$$f(c+h) = f(c) + \left(F(f(c)) + 4F\left(f\left(c + \frac{h}{2}\right)\right) + F(f(c+h))\right)\frac{h}{6}$$

台形則を用いた場合と同様に変形して次の形にすると，$h$ の 3 次の項まで一致する．

$$f(c+h) = f(c) + \left(F(f(c)) + 4F\left(f(c) + F(f(c))\frac{h}{2}\right) + F(f(c) + k_1 h)\right)\frac{h}{6}$$

ただし，$k_1 = F(f(c) + F(f(c))h)$ である．

このように，常微分方程式の解と数値積分の手法とは密接な関係がある．

## 5.4 具体的に変数分離形を解く

自励系の常微分方程式 $f'(x) = f(x)(1 - f(x))$ を変数分離形として解析的に解く．解析的に解を求めておけば数値解と比較することができる．通常，常微分方程式は $f' = f(1 - f)$ などと変数 $x$ を省略して記述するが，省略せず書いている．初期条件 $f(0)$ は $0 < f(0) < 1$ とする．

まず $f(x)$ を左辺にまとめる．

$$\frac{f'(x)}{f(x)(1 - f(x))} = 1$$

両辺を $x$ で 0 から $t$ まで定積分する．

$$\int_0^t \frac{f'(x)}{f(x)(1 - f(x))} dx = t$$

左辺は $f(x) = u$ と置換する．$\dfrac{du}{dx} = f'(x)$ に注意して次を得る．

$$\int_0^t \frac{f'(x)}{f(x)(1 - f(x))} dx = \int_{f(0)}^{f(t)} \frac{1}{u(1 - u)} \frac{du}{dx} dx = \int_{f(0)}^{f(t)} \frac{1}{u(1 - u)} du$$

部分分数分解によって

$$\frac{1}{u(1 - u)} = \frac{1}{u} + \frac{1}{1 - u}$$

と変形する．これにより，考えている定積分は

$$\int_{f(0)}^{f(t)} \frac{1}{u(1 - u)} du = \int_{f(0)}^{f(t)} \left( \frac{1}{u} + \frac{1}{1 - u} \right) du = [\log |u| - \log |1 - u|]_{f(0)}^{f(t)}$$

である．$u = f(x)$ であり，右辺は次の通り．

$$\left[ \log \left| \frac{u}{1 - u} \right| \right]_{f(0)}^{f(t)} = \left[ \log \left| \frac{u}{1 - u} \right| \right]_{f(0)}^{f(t)} = \log \left( \left| \frac{f(t)}{1 - f(t)} \frac{1 - f(0)}{f(0)} \right| \right)$$

以上が定積分の結果である．従って，$t$ を $x$ と書き直して次を得る．

$$\log \left( \left| \frac{f(x)}{1 - f(x)} \frac{1 - f(0)}{f(0)} \right| \right) = x + C$$

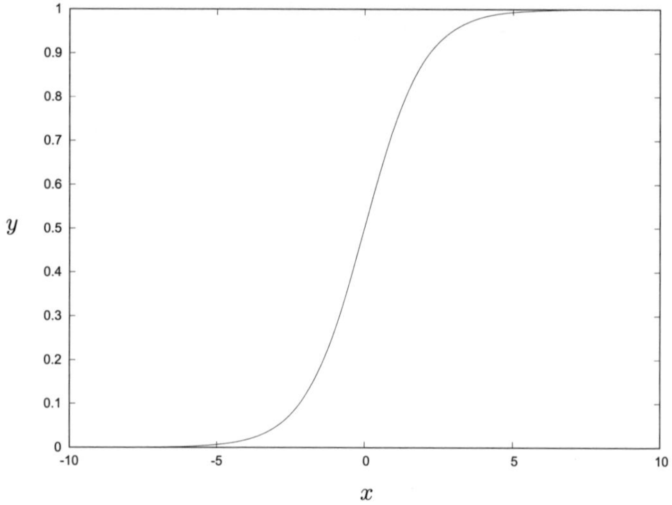


図 5.2　$y = \frac{1}{1+e^{-x}}$ のグラフ．$x \to \infty$ で 1 に下から収束し，$x \to -\infty$ で 0 に上から収束する．機械学習や統計解析などによく現れる関数である．

両辺の指数関数をとる．定数関数 $f(x) = 0$ および $f(x) = 1$ は解であるから，$f(x)$, $1 - f(x)$, $f(0)$, $1 - f(0)$ の符号に注意して，

$$\frac{f(x)}{1 - f(x)} \frac{1 - f(0)}{f(0)} = e^{x+C}.$$

$f(x)$ について整理すれば一般解は次の通り．

$$f(x) = \frac{1}{De^{-x} + 1}$$

ただし，$D = \dfrac{1}{f(0)} - 1$ である．

## 演習問題

1. 変数分離形の常微分方程式

$$f'(x) = f(x)(1 - f(x))$$

について，初期条件 $a = f(0)$ に関する数値解を与えるプログラムを修正オイラー法を用いて作成せよ．ただし，$0 < a < 1$ とする．

2. 同じ常微分方程式の数値解をルンゲクッタ法によって求め，誤差を比較せよ．誤差は真の解と比較すること．

3. ルンゲクッタ法の数値解をプログラム中で他の処理に利用できるように，数値解を配列に格納する関数を作成し，プログラムせよ．

4. 非自励系の常微分方程式

$$f'(x) = -xf(x)$$

について，初期条件 $f(0) = 1$ に関する数値解を与えるプログラムをルンゲクッタ法を用いて作成せよ．

5. 常微分方程式系

$$f'(x) = g(x)$$
$$g'(x) = -f(x) + \sin(\omega x)$$

について，初期条件 $f(0) = g(0) = 0.8$ に関する数値解を与えるプログラムをルンゲクッタ法を用いて作成せよ．パラメータ $\omega$ は $\omega = 1.1$ とする．

### 非線形常微分方程式系

線形の常微分方程式系は解析的に解くことができるけれども，非線形の場合は必ずしも解析的に解くことができず，数値解を作る必要がある．数値解によって，解の定性的な振る舞いを確認することができ，これは常微分方程式を理解する上でも重要である．特に，現実世界の現象をモデル化した方程式は非線形になることが多く，数値解の重要性は日々増しているともいえる．

次の常微分方程式を**ファンデルポール方程式**とよび，時刻無限大で極限周期軌道が現れる典型的な例として知られている．関数と変数に注意してプログラムを作ってみるとよい．

$$
\begin{aligned}
x'(t) &= y(t) \\
y'(t) &= a(1 - x(t)^2)y(t) - x(t)
\end{aligned}
$$

初期値を $(x(0), y(0)) = (0, 3)$ とする数値解を作り $(x(t), y(t))$ を $xy$ 平面に描画すると図のようになる．初期値から極限周期軌道へ外側から巻きついている．初期値を極限周期軌道の内部にとると内側から巻きついていく．パラメータ $a$ を変えると極限周期軌道の形が変わる様子を観察できる．非線形の常微分方程式をモデルとする現象の解析にはこのような数値解析が不可欠である．

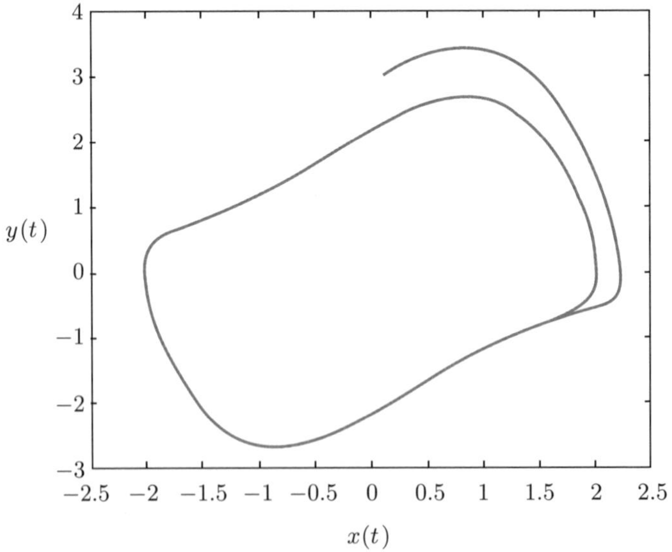

# 第 6 章
# 連立一次方程式

連立一次方程式を解くことで様々な応用上の問題を解くことができる．例えば，有限要素法によって自動車や建造物の構造強度を計算することができる．あるいは，Google に始まる web ページのランキング手法も連立一次方程式を解くことが基礎にある．これらは膨大な数の未知数についての問題であり，計算機を利用しなければとても解決しない．

本章では解が唯一に定まる連立一次方程式の数値解法を**消去法**，***LU*** **分解**，**ピボット選択**の順に解説する．これらは直接的に解を求める解法であるため，**直接解法**とよばれる．続いて**反復法**による解法の 1 つであるヤコビ法を解説する．

## 6.1 消 去 法

2 変数の連立一次方程式を考える．以下の変形では，連立方程式が唯一の解を持つことを仮定する．

$$\begin{cases} ax + by = e \\ cx + dy = f \end{cases}$$

消去法で解くには第 1 式の $\dfrac{c}{a}$ 倍を第 2 式から引き，$x$ を含む項を消去する．

$$\begin{cases} ax + by = e \\ dy - \dfrac{bc}{a}y = f - \dfrac{ec}{a} \end{cases}$$

$y$ について整理して $y$ が定まる．$y$ を第 1 式に代入して $x$ を求める．

$$\begin{cases} ax + by = e \\ \dfrac{ad - bc}{a} y = f - \dfrac{ec}{a} \end{cases}$$

さて，連立一次方程式は行列とベクトルを使って表すことができる．

$$\begin{pmatrix} a & b \\ c & d \end{pmatrix} \begin{pmatrix} x \\ y \end{pmatrix} = \begin{pmatrix} e \\ f \end{pmatrix}$$

$x$ を消去した結果は次の通り．

$$\begin{pmatrix} a & b \\ 0 & d - \dfrac{bc}{a} \end{pmatrix} \begin{pmatrix} x \\ y \end{pmatrix} = \begin{pmatrix} e \\ f - \dfrac{ec}{a} \end{pmatrix}$$

これで $y$ の値が決まり，第 1 式と合わせて $x$ の値が決まる．係数行列は上三角行列になっていることに注意しよう．また，$a$ が 0 の場合，まず第 1 式と第 2 式を入れ替えてから消去を始めなければならない．本節と次節では係数行列の対角成分が 0 になる場合を扱わない．

2 変数の連立方程式であればこれで十分だが，変数が数千個，数万個になるような問題は実際に現れる．そのような場合，手計算で解を求めることは不可能だから計算機を使わなければならない．また，逆行列を使うと計算量が極めて大きく，現実的には利用しない．

変数が多くなった場合に消去法をうまく実行するには，行列の基本変形を利用する．係数行列を正方行列 $A = (a_{ij})$, 求めるべきベクトルを $\boldsymbol{x} = (x_i)$，定ベクトルを $\boldsymbol{b} = (b_i)$ とおき，連立一次方程式

$$A\boldsymbol{x} = \boldsymbol{b}$$

の解を考える．変数が 3 個の場合を例にとろう．係数行列は $3 \times 3$ 行列になる．

$$A = \begin{pmatrix} 1 & 1 & 1 \\ 3 & 2 & -2 \\ 2 & -1 & 3 \end{pmatrix}, \quad \boldsymbol{x} = \begin{pmatrix} x_1 \\ x_2 \\ x_3 \end{pmatrix}, \quad \boldsymbol{b} = \begin{pmatrix} 6 \\ 1 \\ 9 \end{pmatrix}$$

行列とベクトルに変形して，次の連立方程式を解けばよい．

$$\begin{pmatrix} 1 & 1 & 1 \\ 3 & 2 & -2 \\ 2 & -1 & 3 \end{pmatrix} \begin{pmatrix} x_1 \\ x_2 \\ x_3 \end{pmatrix} = \begin{pmatrix} 6 \\ 1 \\ 9 \end{pmatrix}$$

第 1 行の 2 倍を第 3 行から引く.

$$\begin{pmatrix} 1 & 1 & 1 \\ 3 & 2 & -2 \\ 0 & -3 & 1 \end{pmatrix} \begin{pmatrix} x_1 \\ x_2 \\ x_3 \end{pmatrix} = \begin{pmatrix} 6 \\ 1 \\ -3 \end{pmatrix}$$

第 1 行の 3 倍を第 2 行から引く.

$$\begin{pmatrix} 1 & 1 & 1 \\ 0 & -1 & -5 \\ 0 & -3 & 1 \end{pmatrix} \begin{pmatrix} x_1 \\ x_2 \\ x_3 \end{pmatrix} = \begin{pmatrix} 6 \\ -17 \\ -3 \end{pmatrix}$$

第 1 列の掃き出しが完了した. 第 2 列について掃き出しを続ける. 第 2 行の対角成分を 1 に規格化する.

$$\begin{pmatrix} 1 & 1 & 1 \\ 0 & 1 & 5 \\ 0 & -3 & 1 \end{pmatrix} \begin{pmatrix} x_1 \\ x_2 \\ x_3 \end{pmatrix} = \begin{pmatrix} 6 \\ 17 \\ -3 \end{pmatrix}$$

第 2 行の 3 倍を第 3 行に加える.

$$\begin{pmatrix} 1 & 1 & 1 \\ 0 & 1 & 5 \\ 0 & 0 & 16 \end{pmatrix} \begin{pmatrix} x_1 \\ x_2 \\ x_3 \end{pmatrix} = \begin{pmatrix} 6 \\ 17 \\ 48 \end{pmatrix}$$

第 3 行の対角成分を規格化する.

$$\begin{pmatrix} 1 & 1 & 1 \\ 0 & 1 & 5 \\ 0 & 0 & 1 \end{pmatrix} \begin{pmatrix} x_1 \\ x_2 \\ x_3 \end{pmatrix} = \begin{pmatrix} 6 \\ 17 \\ 3 \end{pmatrix}$$

ここまでで, 係数行列を掃き出し法によって上三角行列へ変形した. 変数を消去する過程に相当する基本変形であり, **前進消去**とよぶ. 第 3 行から $x_3$ の値がわかる．これと第2行から $x_2$ がわかり，順次 $x_1$ がわかる．前進消去によって作成した上三角行列から解を求める手順を**後退代入**とよぶ．

以下，具体的に後退代入を例示する．第3行の5倍を第2行から引く．

$$\begin{pmatrix} 1 & 1 & 1 \\ 0 & 1 & 0 \\ 0 & 0 & 1 \end{pmatrix} \begin{pmatrix} x_1 \\ x_2 \\ x_3 \end{pmatrix} = \begin{pmatrix} 6 \\ 2 \\ 3 \end{pmatrix}$$

第3行を第1行から引く．

$$\begin{pmatrix} 1 & 1 & 0 \\ 0 & 1 & 0 \\ 0 & 0 & 1 \end{pmatrix} \begin{pmatrix} x_1 \\ x_2 \\ x_3 \end{pmatrix} = \begin{pmatrix} 3 \\ 2 \\ 3 \end{pmatrix}$$

第2行を第1行から引く．

$$\begin{pmatrix} 1 & 0 & 0 \\ 0 & 1 & 0 \\ 0 & 0 & 1 \end{pmatrix} \begin{pmatrix} x_1 \\ x_2 \\ x_3 \end{pmatrix} = \begin{pmatrix} 1 \\ 2 \\ 3 \end{pmatrix}$$

以上で解を求めることができた．係数行列の逆行列を求めることができれば簡単だと考えるかもしれないが，逆行列を求める計算量は掃き出しの計算量よりも大きいことがわかっている．従って，掃き出しにより前進消去と後退代入を行う方が高速である．4変数の場合のプログラム例を以下に示す．

2次元の配列を関数に渡す引数の書式が変則的なため，関数を利用せずにmain関数内で主要な処理を直接書いている．良いプログラムとは言い難いが，処理の流れを理解するためのプログラムとして参考にしてほしい．途中経過を出力する処理はC言語の関数としてまとめた．そのために配列を大域変数として宣言している．

```
#include <stdio.h>
#define N 4
double a[N][N]={{1,1,1,2},{5,6,-1,5},
  {3,2,8,-2},{1,0,5,1}};
double b[N]={1, 8, 11, 0};
```

```
/* 配列 a,b を行列とベクトル風に表示する関数 */
void print(int);

int main()
{
  int i,j,k;
  /* 配列 a,b を行列とベクトル風に表示 */
  print(N);
  /* 前進消去 */
  for(k=0; k < N; ++k){
    /* 第 k 行について第 k 列以降を規格化 */
    /* 対角成分を変更するので、for 文に注意 */
    b[k]=b[k]/a[k][k];
    for(j=N-1; j >= k; --j){
      a[k][j]=a[k][j]/a[k][k];
    }
    for(i=k+1; i < N; ++i){
      /* 第 i 行について第 k 列を 0 にする */
      b[i]=b[i]-b[k]*a[i][k];
      for(j=N-1; j >= k; --j){
        a[i][j]=a[i][j]-a[k][j]*a[i][k];
      }
    }
    /* 配列 a,b の出力 */
    printf("k:%d\n",k);
    print(N);
  }
  /* 後退代入 */
  for(j=N-1; j > 0; --j){
    for(i=j-1; i >= 0; --i){
      b[i] = b[i] - b[j]*a[i][j];
      a[i][j] = 0;
    }
```

```
  }
  /* 交代代入の結果を出力 */
  printf("\n");
  print(N);
}
/* 配列 a,b を行列とベクトル風に表示する関数 */
void print(int n)
{
  int i,j;
  for(i=0; i < n; ++i){
    for(j=0; j < n; ++j){
      printf("%f ", a[i][j]);
    }
    printf("%f\n",b[i]);
  }
}
```

プログラム例の実行結果を下記に示す．まず配列 a と配列 b を表示する．配列 a の表す係数行列は 4 次の正方行列 であり，出力の左側に $4 \times 4$ で表示している．配列 b の表すベクトルは列ベクトルとして係数行列の右側に表示している．

以降は変数 k の表す各列ごとの前進消去の結果を表示し，最後に後退代入の結果を表示した．

出力結果

```
1.000000 1.000000 1.000000 2.000000 1.000000
5.000000 6.000000 -1.000000 5.000000 8.000000
3.000000 2.000000 8.000000 -2.000000 11.000000
1.000000 0.000000 5.000000 1.000000 0.000000
k:0
1.000000 1.000000 1.000000 2.000000 1.000000
0.000000 1.000000 -6.000000 -5.000000 3.000000
0.000000 -1.000000 5.000000 -8.000000 8.000000
```

```
0.000000 -1.000000 4.000000 -1.000000 -1.000000
k:1
1.000000 1.000000 1.000000 2.000000 1.000000
0.000000 1.000000 -6.000000 -5.000000 3.000000
0.000000 0.000000 -1.000000 -13.000000 11.000000
0.000000 0.000000 -2.000000 -6.000000 2.000000
k:2
1.000000 1.000000 1.000000 2.000000 1.000000
0.000000 1.000000 -6.000000 -5.000000 3.000000
0.000000 0.000000 1.000000 13.000000 -11.000000
0.000000 0.000000 0.000000 20.000000 -20.000000
k:3
1.000000 1.000000 1.000000 2.000000 1.000000
0.000000 1.000000 -6.000000 -5.000000 3.000000
0.000000 0.000000 1.000000 13.000000 -11.000000
0.000000 0.000000 0.000000 1.000000 -1.000000

1.000000 0.000000 0.000000 0.000000 -9.000000
0.000000 1.000000 0.000000 0.000000 10.000000
0.000000 0.000000 1.000000 0.000000 2.000000
0.000000 0.000000 0.000000 1.000000 -1.000000
```

後退代入の結果，係数行列は単位行列となっており，ベクトル部分が実際に連立一次方程式の解となっている．もとの連立一次方程式に代入すれば，解であることが確かめられる．

## 6.2 *LU* 分 解

$A$ を正方行列，$L$ を**下三角行列**，$U$ を**上三角行列**として，

$$LU = A$$

を満たす行列 $L, U$ が存在すると仮定する．$A$ を係数行列とする連立一次方程式は

$$L(Ux) = b$$

という形に書き換えることができる．ベクトル $y$ を $y = Ux$ とおく．まず方程式

$$Ly = b$$

を解いてから

$$Ux = y$$

を解けば，もとの連立一次方程式の解 $x$ を得ることができる．$L$ も $U$ も三角行列だからそれぞれの解法はやさしい．従って，

$$LU = A$$

を満たす $L$ と $U$ を求めれば連立一次方程式の解を求めることができる．正方行列 $A$ を与えたとき，このような $L$ と $U$ は実際に存在し，次のように決められる．$U$ は前進消去，$L$ は後退代入に相当する．

$L, U$ の成分をそれぞれ $L = (l_{ij}), U = (u_{ij})$ とおく．本節では行列の成分を示す行と列を C 言語の配列と同じく 0 から始めることにする．

$L$ の対角成分を全て 1 と考えて $l_{ij}$ と $u_{ij}$ を求めよう．係数行列 $A$ は前節の例で用いた 3 次正方行列とする．$LU = A$ を成分表示する．

$$\begin{pmatrix} 1 & 0 & 0 \\ l_{10} & 1 & 0 \\ l_{20} & l_{21} & 1 \end{pmatrix} \begin{pmatrix} u_{00} & u_{01} & u_{02} \\ 0 & u_{11} & u_{12} \\ 0 & 0 & u_{22} \end{pmatrix} = \begin{pmatrix} 1 & 1 & 1 \\ 3 & 2 & -2 \\ 2 & -1 & 3 \end{pmatrix}$$

まず $1 \times u_{00} = 1$ から $u_{00} = 1$ である．

$$\begin{pmatrix} 1 & 0 & 0 \\ l_{10} & 1 & 0 \\ l_{20} & l_{21} & 1 \end{pmatrix} \begin{pmatrix} 1 & u_{01} & u_{02} \\ 0 & u_{11} & u_{12} \\ 0 & 0 & u_{22} \end{pmatrix} = \begin{pmatrix} 1 & 1 & 1 \\ 3 & 2 & -2 \\ 2 & -1 & 3 \end{pmatrix}$$

次に，$l_{10} \times 1 + 1 \times 0 = 3$ から，$l_{10} = 3$ となる．

$$\begin{pmatrix} 1 & 0 & 0 \\ 3 & 1 & 0 \\ l_{20} & l_{21} & 1 \end{pmatrix} \begin{pmatrix} 1 & u_{01} & u_{02} \\ 0 & u_{11} & u_{12} \\ 0 & 0 & u_{22} \end{pmatrix} = \begin{pmatrix} 1 & 1 & 1 \\ 3 & 2 & -2 \\ 2 & -1 & 3 \end{pmatrix}$$

同様に，$l_{20} = 2$ である．

$$\begin{pmatrix} 1 & 0 & 0 \\ 3 & 1 & 0 \\ 2 & l_{21} & 1 \end{pmatrix} \begin{pmatrix} 1 & u_{01} & u_{02} \\ 0 & u_{11} & u_{12} \\ 0 & 0 & u_{22} \end{pmatrix} = \begin{pmatrix} 1 & 1 & 1 \\ 3 & 2 & -2 \\ 2 & -1 & 3 \end{pmatrix}$$

$1 \times u_{01} = 1$ から $u_{01} = 1$ を得る．

$$\begin{pmatrix} 1 & 0 & 0 \\ 3 & 1 & 0 \\ 2 & l_{21} & 1 \end{pmatrix} \begin{pmatrix} 1 & 1 & u_{02} \\ 0 & u_{11} & u_{12} \\ 0 & 0 & u_{22} \end{pmatrix} = \begin{pmatrix} 1 & 1 & 1 \\ 3 & 2 & -2 \\ 2 & -1 & 3 \end{pmatrix}$$

$3 \times 1 + 1 \times u_{11} = 2$ から，$u_{11} = -1$ である．

$$\begin{pmatrix} 1 & 0 & 0 \\ 3 & 1 & 0 \\ 2 & l_{21} & 1 \end{pmatrix} \begin{pmatrix} 1 & 1 & u_{02} \\ 0 & -1 & u_{12} \\ 0 & 0 & u_{22} \end{pmatrix} = \begin{pmatrix} 1 & 1 & 1 \\ 3 & 2 & -2 \\ 2 & -1 & 3 \end{pmatrix}$$

$2 \times 1 + l_{21} \times (-1) + 1 \times 0 = -1$ から，$l_{21} = 3$ である．

$$\begin{pmatrix} 1 & 0 & 0 \\ 3 & 1 & 0 \\ 2 & 3 & 1 \end{pmatrix} \begin{pmatrix} 1 & 1 & u_{02} \\ 0 & -1 & u_{12} \\ 0 & 0 & u_{22} \end{pmatrix} = \begin{pmatrix} 1 & 1 & 1 \\ 3 & 2 & -2 \\ 2 & -1 & 3 \end{pmatrix}$$

同様に，$u_{02}, u_{12}, u_{22}$ を求めることができる．

行列の積を考えれば，*LU* 分解の定義から $L$, $U$ の成分を次の通り書くことができる．

$$u_{ij} = a_{ij} - \sum_{k=0}^{N-1} l_{ik}u_{kj}, \quad l_{ij} = \frac{1}{u_{jj}}\left(a_{ij} - \sum_{k=0}^{N-1} l_{ik}u_{kj}\right)$$

$L$ が下三角行列，$U$ が上三角行列であるから，上の関係をもとに，$U$ の第 0 成分，$L$ の第 0 成分，$U$ の第 1 成分，$L$ の第 1 成分，以下同様に $U$ の第 $N-1$ 成分までを求めることができる．

一般に，$L, U$ の第 $k$ 列成分については，$L, U$ の第 $k-1$ 列までの成分から $u_{ik}$ （$i = 0, 1, \ldots, k$）を定めることができ，この $u_{ik}$ から $l_{ik}$ も決まってくる．

$L, U$ を求めるプログラム例を次に示す．これも消去法のプログラムと同様の理由で main 関数に全てを記述した．

```
#include <stdio.h>
#define N 4


double a[N][N]={{1,1,1,2},{5,6,-1,5},
                {3,2,8,-2},{1,0,5,1}};
double L[N][N];
double U[N][N];


int main()
{
  int i,j,k;
  /* 配列 a を行列とベクトル風に表示 */
  for(i=0; i < N; ++i){
    for(j=0; j < N; ++j){
      printf("%f ", a[i][j]);
    }
    printf("\n");
  }
  /* L,U を初期化 */
  for(i=0; i < N; ++i){
    for(j=0; j < N; ++j){
      L[i][j]=0;
      U[i][j]=0;
```

```
  }
}

/* すぐにわかる項を決める */
/* L の第 0 列と対角成分，U の第 0 行 */
for(i=0; i < N; ++i ){
  L[i][0]=a[i][0]/a[0][0];
  L[i][i]=1;
  U[0][i]=a[0][i];
}

/* LU 分解 */
/* L,U の第 1 列から各列を求める */
for(j=1; j < N; ++j ){
  /* U の第 j 列の対角より上の成分 */
  for(i=0; i < j+1; ++i){
    U[i][j]=a[i][j];
    for(k=0; k < i; ++k){
      U[i][j]=U[i][j]-L[i][k]*U[k][j];
    }
  }
  for(i=j+1; i < N; ++i){
    /* L の第 j 列の対角より下の成分 */
    L[i][j]=a[i][j]/U[j][j];
    for(k=0; k < j; ++k){
      L[i][j]=L[i][j]-L[i][k]*U[k][j]/U[j][j];
    }
  }
}


/* 配列 L,U を順に表示 */
printf("L\n");
```

```
  for(i=0; i < N; ++i){
    for(j=0; j < N; ++j){
      printf("%f ", L[i][j]);
    }
    printf("\n");
  }
  printf("U\n");
  for(i=0; i < N; ++i){
    for(j=0; j < N; ++j){
      printf("%f ", U[i][j]);
    }
    printf("\n");
  }
}
```

$L$ の出力結果を次に示す.

出力結果

```
1.000000 0.000000 0.000000 0.000000
5.000000 1.000000 0.000000 0.000000
3.000000 -1.000000 1.000000 0.000000
1.000000 -1.000000 2.000000 1.000000
```

$U$ の出力結果を次に示す.

出力結果

```
1.000000 1.000000 1.000000 2.000000
0.000000 1.000000 -6.000000 -5.000000
0.000000 0.000000 -1.000000 -13.000000
0.000000 0.000000 0.000000 20.000000
```

**例題 6.1**

上記プログラム例に，行列 $L$ と $U$ の積を出力する処理を追加して実行せよ．

**【解答例】** 次のように $L, U$ の積を計算しながら $LU$ の $i, j$ 成分を出力するなどの処理が考えられる．出力結果は $A$ と等しいはずである．

```
for(i=0; i < N; ++i){
  for(j=0; j < N; ++j){
    s=0;
    for(k=0; k < N; ++k){
      s+=L[i][k]*U[k][j];
    }
    printf("%f ",s);
  }
  printf("\n");
}
```

## 6.3　ピボット選択

消去法，$LU$ 分解ともに，係数行列の成分 $a_{kj}$ を $\dfrac{a_{kj}}{a_{kk}}$ という形で規格化する処理が必要だった．$a_{kk}$ が 0 であると除算できないから，$a_{kk}=0$ の場合は次のように係数行列の行を入れ替える．

$$\begin{pmatrix} 0 & 2 & 4 \\ 1 & 0 & 1 \\ \underline{2} & 2 & 0 \end{pmatrix} \begin{pmatrix} x \\ y \\ z \end{pmatrix} = \begin{pmatrix} 2 \\ 1 \\ 8 \end{pmatrix}$$

まず，1 行 1 列成分が 0 であるからこのままでは消去法も $LU$ 分解もできない．このような場合を避けるため，考えている列の中で絶対値が最大の成分を持つ行と入れ替える．下線で示した第 1 列の第 3 行成分が最大だから，第 1 行と第 3 行を入れ替える．

$$\begin{pmatrix} 2 & 2 & 0 \\ 1 & 0 & 3 \\ 0 & 2 & 4 \end{pmatrix} \begin{pmatrix} x \\ y \\ z \end{pmatrix} = \begin{pmatrix} 8 \\ 1 \\ 2 \end{pmatrix}$$

基本変形によって第 2 行の第 1 列成分を 0 にする．

$$\begin{pmatrix} 2 & 2 & 0 \\ 0 & -1 & 1 \\ 0 & \underline{2} & 4 \end{pmatrix} \begin{pmatrix} x \\ y \\ z \end{pmatrix} = \begin{pmatrix} 8 \\ -3 \\ 2 \end{pmatrix}$$

第 2 行以下の各行について，第 2 列が絶対値が最大の行を第 2 行と入れ替える．下線で示した第 2 行 3 列成分が最大であり，第 3 行と第 2 行を入れ替える．

$$\begin{pmatrix} 2 & 2 & 0 \\ 0 & \underline{2} & 4 \\ 0 & -1 & 1 \end{pmatrix} \begin{pmatrix} x \\ y \\ z \end{pmatrix} = \begin{pmatrix} 8 \\ 2 \\ -3 \end{pmatrix}$$

基本変形によって第 3 行の第 2 列成分を 0 とする．

$$\begin{pmatrix} 2 & 2 & 0 \\ 0 & 2 & 4 \\ 0 & 0 & 3 \end{pmatrix} \begin{pmatrix} x \\ y \\ z \end{pmatrix} = \begin{pmatrix} 8 \\ 2 \\ -2 \end{pmatrix}$$

ピボット選択に関するプログラム例を示す．消去法における各行の処理に先立ってピボット選択を処理する．プログラム全体は演習問題 2 に残す．

```
/* 第 k 行以降の処理において
   第 k 列成分の絶対値が最大になる行を保持 */
int p;
/* 第 k 行以降の処理で第 k 列成分の絶対値が最大の値 */
double max;
/* 変数を入れ替える処理の一時的な変数 */
double tmp;

/* 第 k 行に関する消去法 */
for(k=0; k<N; ++k){
  /* ピボット選択 */
  p=k;
  max=fabs(a[k][k]);
  for(i=k+1; i < N; ++i){
    if( fabs(a[i][k]) > max ){
      ip=i;
      max=fabs(a[i][k]);
    }
  }
  /* 行の交換 */
  if( p != k ){
    for( j=k; j < N; ++j){
      /* 2 個の変数の値を交換する */
      tmp=a[k][j]; a[k][j]=a[p][j]; a[p][j]=tmp;
    }
    tmp=b[k]; b[k]=b[p]; b[p]=tmp;
  }
  /* (続いて消去法の処理を開始する) */
```

## 6.4 ヤコビ法による反復解法

本節では反復法によって連立一次方程式の解を求める手法の 1 つ，**ヤコビ法**を解説する．

連立一次方程式は次のように反復法の形に変形できる．3 変数の例で説明しよう．

$$\begin{pmatrix} 4 & 1 & 1 \\ 2 & 6 & 1 \\ 1 & 2 & 5 \end{pmatrix} \begin{pmatrix} x_1 \\ x_2 \\ x_3 \end{pmatrix} = \begin{pmatrix} 4 \\ -8 \\ 7 \end{pmatrix}$$

この係数行列 $A$ を対角成分 $D$ とそれ以外 $T$ に分ける．

$$D = \begin{pmatrix} 4 & 0 & 0 \\ 0 & 6 & 0 \\ 0 & 0 & 5 \end{pmatrix}, \quad T = \begin{pmatrix} 0 & 1 & 1 \\ 2 & 0 & 1 \\ 1 & 2 & 0 \end{pmatrix}$$

$D$ および $T$ を用いて連立方程式 $A\boldsymbol{x} = \boldsymbol{b}$ は $D\boldsymbol{x} + T\boldsymbol{x} = \boldsymbol{b}$ と変形できる．$T\boldsymbol{x}$ を右辺に移し，$D\boldsymbol{x} = \boldsymbol{b} - T\boldsymbol{x}$ である．$D$ の対角成分に 0 が現れなければ $D^{-1}$ が存在し，次のように書ける．

$$\boldsymbol{x} = D^{-1}(\boldsymbol{b} - T\boldsymbol{x})$$

この方程式には，$\boldsymbol{x}^{(0)}$ を初期値として，ベクトル $\boldsymbol{x}^{(n)}$ についての漸化式

$$\boldsymbol{x}^{(n+1)} = D^{-1}(\boldsymbol{b} - T\boldsymbol{x}^{(n)}) = D^{-1}\boldsymbol{b} - D^{-1}T(\boldsymbol{x}^{(n)})$$

によって一定の条件のもとで反復法を適用できる．

ここで，反復法を適用できる条件は $D^{-1}T$ を繰り返し作用して収束することである．詳細は省略するが，$D^{-1}T$ の非対角成分に関する各行ごとの絶対値の和 $\displaystyle\sum_{j \neq i} \frac{|a_{ij}|}{|a_{ii}|}$ について，

$$\sum_{j \neq i} \frac{|a_{ij}|}{|a_{ii}|} < 1$$

が全ての第 $i$ 行について成立すればよい．

以上をもとに，ヤコビ法のプログラムは下記のように書ける．$\boldsymbol{x}^{(k+1)} - \boldsymbol{x}^{(k)}$ の長さを double 型の変数 err に格納し，目標とする計算誤差の値 eps を下回ったら終了する．

```
#include <stdio.h>
#include <math.h>

#define N 3

double inner(double*, double*, int);

int main()
{
  int i,j,k;
  double err=1.0,eps=1.0e-4;
  double A[N][N]={{4,1,1},{2,6,1},{1,2,5}};
  double C[N][N];
  double b[N]={4,-8,7};
  double x[N]={1.0,1.0,1.0};
  double y[N]={0,0,0};
  double d[N]={0,0,0};

  /* ヤコビ法の準備 */
  for(i=0; i<N; ++i){
    b[i]=b[i]/A[i][i];
    for(j=0; j<N; ++j){
      C[i][j]=0;
      if( i != j ){
        C[i][j]=A[i][j]/A[i][i];
      }
    }
  }

  /* ヤコビ法の処理 */
```

```
  while(err > eps){
    for(i=0; i<N; ++i){
      y[i]=b[i];
      for(j=0; j<N; ++j){
        y[i]=y[i]-C[i][j]*x[j];
      }
    }

    for(j=0; j<N; ++j){
      d[j]=y[j]-x[j];
      x[j]=y[j];
      printf("%f ",x[j]);
    }
    printf("%.10f\n",err);
    err=sqrt(inner(d,d,N));
  }
}

double inner(double u[], double v[], int n)
{
  int k;
  double s=0;

  for(k=0; k<N; ++k){
    s+=u[k]*v[k];
  }
  return(s);
}
```

出力結果は次の通り．左から，数値解 $x_1$, $y_1$, $z_1$ および計算過程の誤差である．ヤコビ法の収束はそれほど高速ではないものの，確かに真の解に収束していることがわかる．

出力結果

```
0.500000 -1.833333 0.800000 1.0000000000
1.258333 -1.633333 2.033333 2.8840557862
0.900000 -2.091667 1.801667 1.4615678416
1.072500 -1.933611 2.056667 0.6262121579
0.969236 -2.033611 1.958944 0.3460676359
1.018667 -1.982903 2.019597 0.1738190538
0.990826 -2.009488 1.989428 0.0932388028
1.005015 -1.995180 2.005630 0.0489088247
0.997388 -2.002610 1.997069 0.0258566179
1.001385 -1.998641 2.001567 0.0136630162
0.999269 -2.000723 1.999179 0.0072087448
1.000386 -1.999619 2.000435 0.0038098919
0.999796 -2.000201 1.999771 0.0020110275
1.000108 -1.999894 2.000121 0.0010623400
0.999943 -2.000056 1.999936 0.0005609505
1.000030 -1.999970 2.000034 0.0002962607
0.999984 -2.000016 1.999982 0.0001564543
```

## 演習問題

1. 消去法のプログラムに，得られた解が連立方程式を満たしていることを確認する処理を追加せよ．
2. 消去法にピボット選択を含めたプログラムを作成し，実行せよ．
3. ヤコビ法を用いたプログラム例を実行せよ．

# 第 7 章 非負成分行列の最大固有値

正方行列の固有値を求める問題は重要である一方で，与えられた正方行列の固有方程式を導出した後に定義通りに固有値を求めようとすれば固有方程式の係数に丸め誤差が入ってしまう．そのため，与えられた正方行列から固有方程式を経由せずに固有値を求めたい．本章では非負成分の正方行列に現れる最大固有値を求める手法を扱う．

## 7.1 行列の固有値

$N \times N$ の実数値成分行列 $A$ と零ベクトルではない $N$ 次元ベクトル $\boldsymbol{x}$ について

$$A\boldsymbol{x} = \lambda \boldsymbol{x}$$

を満たす $\lambda$ を $A$ の**固有値**，$\boldsymbol{x}$ を固有値 $\lambda$ に対応する**固有ベクトル**あるいは単に固有ベクトルとよぶ．

定義から，

$$(\lambda E - A)\boldsymbol{x} = \boldsymbol{0}$$

と変形する．ただし，右辺の $\boldsymbol{0}$ は零ベクトルである．$\lambda E - A$ の逆行列が存在すれば，つまり

$$\det(\lambda E - A) \neq 0$$

であると

$$\boldsymbol{x} = (\lambda E - A)^{-1}\boldsymbol{0} = \boldsymbol{0}$$

となり，$\boldsymbol{x}$ は零ベクトルである．従って，零ベクトルでない固有ベクトル $\boldsymbol{x}$ を求めるには，まず $\lambda$ についての条件

$$\det(\lambda E - A) = 0$$

が成立する必要がある．これを $A$ の**特性方程式**とよぶ．特性方程式は $\lambda$ についての $N$ 次方程式であるから重複度を含めて $N$ 個の解を持つ．つまり，$N \times N$ 行列 $A$ の固有値は重複度を含めて $N$ 個存在する．

固有値を求める問題には非常に多くの応用がある．特に，非負成分行列の固有値については絶対値最大の実固有値が唯一存在しており，次の定理が成立する．

> 既約な非負成分正方行列は唯一の最大固有値を持つ．最大固有値に対する固有ベクトルの成分は全て正である．

非負成分正方行列 $A$ が既約とは，ある自然数 $M$ が存在し，$A^M$ の各成分が全て正になることである．最大固有値とは，絶対値が最大の正の実固有値である．この定理はマルコフ連鎖の定常解を求める問題やウェブランキング手法などに広く使われ，よく知られている．特にウェブランキング手法へ初めて取り入れた Google の PageRank を正当化する定理として有名になった．

## 7.2　反復法による解法

非負成分正方行列 $A$ に関する最大固有値 $\lambda$ と対応する固有ベクトル $\boldsymbol{x}$ を求めるために**反復法**を用いる．最大固有値に対応する固有ベクトル $\boldsymbol{x} = (x_i)$ は $A\boldsymbol{x} = \lambda\boldsymbol{x}$ を満たす．長さ 1 の初期ベクトル $\boldsymbol{x}^{(0)}$ を与えると上記の定理から

$$\lim_{n\to\infty} \frac{1}{\lambda^n} A^n \boldsymbol{x}^{(0)} = \boldsymbol{x}$$

が成立する．初期ベクトルに行列 $A$ をかけて $\boldsymbol{y}^{(1)} = A\boldsymbol{x}^{(0)}$ とおく．

$\boldsymbol{y}^{(1)}$ の長さは 1 ではない．規格化して $\boldsymbol{x}^{(1)} = \dfrac{\boldsymbol{y}^{(1)}}{|\boldsymbol{y}^{(1)}|}$ とおく．以下，次の手順を繰り返す．

$$\boldsymbol{y}^{(n+1)} = A\boldsymbol{x}^{(n)}$$
$$\boldsymbol{x}^{(n+1)} = \frac{\boldsymbol{y}^{(n+1)}}{|\boldsymbol{y}^{(n+1)}|}$$

次のプログラム例は行列

$$A = \begin{pmatrix} 1 & 1 \\ 1 & 0 \end{pmatrix}$$

の最大固有値を求めるプログラムである．

```
#include <stdio.h>
#include <math.h>

#define N 2

double inner( double*, double*, int);

int main()
{
  double A[N][N]={{1,1},{1,0}};
  double x[N]={1,0};
  double y[N]={0,0};
```

```
  int i,j,k;
  double norm1;
  double eig1,eig2;
  double err=1.0;
  double eps=1.0e-5;

  eig2=0;
  while(err>eps){
    /* y=Ax */
    for(i=0; i<N; ++i){
      y[i]=0;
      for(j=0; j<N; ++j){
        y[i]+=A[i][j]*x[j];
      }
    }

    /* |x|=1 であるから 固有値は x と y の内積でよい */
    eig1=inner(x,y,N);
    printf("eigenvalue=%f: ",eig1);
    norm1=sqrt(inner(y,y,N));
    for(i=0; i<N; ++i){
      x[i]=y[i]/norm1;
      printf("%f ",x[i]);
    }
    printf("\n");
    err= fabs(eig2-eig1);
    eig2=eig1;
  }
}

double inner(double u[], double v[], int n)
{
```

```
  int k;
  double s=0;

  for(k=0; k<N; ++k){
    s+=u[k]*v[k];
  }
  return(s);
}
```

**例題 7.1**

実際にプログラム例を実行し，最大固有値を求めてみよ．

**【解答例】**　固有方程式から最大固有値を求めれば $\lambda = \dfrac{1+\sqrt{5}}{2}$ である．実行結果は次の通りとなる．固有値に続いて長さ 1 に正規化した固有ベクトルの各成分を出力している．

**出力結果**

```
eigenvalue=1.000000: 0.707107 0.707107
eigenvalue=1.500000: 0.894427 0.447214
eigenvalue=1.600000: 0.832050 0.554700
eigenvalue=1.615385: 0.857493 0.514496
eigenvalue=1.617647: 0.847998 0.529999
eigenvalue=1.617978: 0.851658 0.524097
eigenvalue=1.618026: 0.850265 0.526355
eigenvalue=1.618033: 0.850798 0.525493
```

**Google の PageRank**

Web 上の検索技術は 2000 年頃まで大きな進歩はみられなかった．当時は Yahoo などの提供するディレクトリサービスとよばれるリンク集によってウェブサイトを探すことが多かったのである．インターネット上のウェブサイトを収集し，検索サービスを提供する企業もあったものの，検索精度は悪く，ディレクトリサービスを超えるものではなかった．ウェブサイトの重要性を捉える量が見つからなかったことも理由の 1 つである．例えばウェブサイトへのリンクの数を指標としても，意図的にウェブサイトを作り相互リンクを張るような手段があり，決定的な量とはならなかった．

この状況を変えたものが Google の PageRank を基盤とした検索サービスである．PageRank とはウェブサイトの「重要度（人気度）」を評価する量であり，次のような連立一次方程式によって定まる．

$$p_k = \sum_m p_m P_{mk}$$

ここで，サイト $m$ が外部のサイトに張っているリンクの数を $N_m$ として，$m$ からサイト $k$ にリンクがあれば $P_{mk} = \dfrac{1}{N_m}$ とする．この意味するところは，ウェブサイト $k$ の重要度 $p_k$ は，$k$ へリンクを張っている各ウェブサイト $m$ の重要度 $p_m$ と，$m$ がリンクを張っているウェブサイトの数 $N_m$ によって決まるというものである．サイト $m$ の重要度が高く，$m$ から張られるリンクの数が少ない場合，$m$ からリンクが張られているサイトは高い重要度を持つ傾向になる．重要度の高いウェブサイトからリンクが張られることで重要度が上がるため，意図的な操作に依存しない量になっている．

ウェブサイトは膨大に存在するわけだが，この連立一次方程式を整理すると係数行列に関する固有値 1 の固有ベクトルの成分が $p_k$ になっている．数学的な問題としての固有値問題が実世界を変えた例の 1 つである．

# 第 8 章
# 並列処理入門

現在，多くの CPU は複数のコアを持ち，並列に処理を進めることが可能になっている．**並列処理**を利用することでプログラムの実行に要する時間を短縮することが期待できる．C 言語において並列処理を利用する場合は **OpenMP** が手軽である．本章では OpenMP を用いた並列処理を紹介する．本章のプログラム例には gcc を用いた．OpenMP を利用したプログラムを gcc によってコンパイルするには `-fopenmp` オプションを指定する．

## 8.1 並列処理の考え方

数値解析における並列処理では，まずベクトルの各成分に関する演算を並列に処理することが基本である．要素数 $N$ の大きな 2 つのベクトル $\boldsymbol{u}, \boldsymbol{v}$ の 1 次結合 $\boldsymbol{w} = a\boldsymbol{u} + b\boldsymbol{v}$ を考える．ベクトルの和は次のような処理を書く．

```
for(k=0; k<N; ++k){
  w[k]=a*u[k]+b*v[k];
}
```

成分ごとの定数倍と和 `w[k]=a*u[k]+b*v[k]` は `k` の順番によらず定まる量であるから，成分ごとに同時に代入しても結果は変わらない．これが for 文に対する並列処理の基本である．同時に処理を進める単位を**スレッド**とよぶ．

通常の処理では上記 for 文を実行する際に変数 `k` を 0 から順次 $N-1$ まで増加しつつ代入する．例えば `N=100` の場合，スレッドを 2 個用意するとスレッド 1 およびスレッド 2 を用いて `k` の値を配分して代入を処理する．複数のスレッドに対する処理の配分はプログラムを実行するごとに異なるから，処理の順序に依存しないプログラムであると並列処理によって効率化しやすい．一方，処理の順序に依存するプログラムは並列処理に不向きである．

実際に for 文を並列化するには次のように OpenMP を利用できる．`#ifdef _OPENMP` は，コンパイラが OpenMP に対応していれば省略してよい．`omp_set_num_threads()` に指定する値で，スレッド数を指定する．スレッド数は CPU のコア数などを勘案して適切に指定する．一般的にはスレッド数が CPU のコア数を超えると効率が落ちるため，コア数を超えないように指定する．

```
#ifdef _OPENMP
#include <omp.h>
#endif

#ifdef _OPENMP
omp_set_num_threads(2);
#endif

#pragma omp parallel for
for(k=0; k<N; ++k){
  w[k]=a*u[k]+b*v[k];
}
```

並列処理における基本的な注意点は，内積の計算に現れる．ベクトルの内積を計算するには，次のように成分ごとの積を順次加算しなければならない．このような処理を並列化するには注意が必要である．内積を計算する for 文を単純に並列化すると，第 `k` 番目の成分の積を `s` に加える処理の順番が不定となり，値が定まらない．

```
s=0;
for(k=0; k<N; ++k){
  s+=u[k]*v[k];
}
```

具体的には，スレッド 1 で s+=u[1]*v[1]，スレッド 2 で s+=u[3]*u[3] などと並列化された場合，変数 s がスレッド共通であると一方の値で上書きされてしまい，正しく加え上げることができない.

このような場合，スレッドごとに変数 s の値を独立に保持し，for 文が終了するときにスレッドごとの s の値の和をとって結果とする．OpenMP ではそのような処理ができるようになっており，次のように記述することで正しく並列化できる．reduction(+:s) によって，和の演算 + に関して変数 s を保護する指示となる.

```
#pragma omp parallel for reduction(+:s)
for(i=1; i<100; ++i){
  int n=omp_get_thread_num();
  s+=i;
  printf("%d %d %d\n",s, i, n);
}
```

関数 omp_get_thread_num() でスレッド番号を取得し，スレッド内での変数 s と i の値を出力している.

正方行列の積を計算するプログラムを OpenMP によって並列処理すると次のようになる.

private(j, k) によって，変数 i に関する for 文の内部に現れるネストした for 文のループ変数 j と k がスレッドごとに独立に扱われる．変数 s は行列の積の各成分を計算する途中経過を格納する変数であり，reduction によって保護しなければならない.

```
#include <stdio.h>

#ifdef _OPENMP
#include <omp.h>
#endif

#define N 10

int main()
```

```
{
  double a[N][N];
  double b[N][N];
  double c[N][N];
  double s=0.0;
  int i,j,k;

  /* 2 次元配列 a,b に行列の各成分を格納する. */
  for(i=0; i<N; ++i){
    for(j=0; j<N; ++j){
      a[i][j]=i+j+1;
      b[i][j]=i*j+1;
    }
  }
  /* 行列の積を 2 次元配列 c に格納する. */
  #pragma omp parallel for private(j,k) reduction(+:s)
  for(i=0; i<N; ++i){
    for(j=0; j<N; ++j){
      s=0;
      printf("%d\n",j);
      for(k=0; k<N; ++k){
        s+=a[i][k]*b[k][j];
      }
      c[i][j]=s;
    }
  }
  /* 計算結果の出力. */
  for(i=0; i<N; ++i){
    for(j=0; j<N; ++j){
      printf("%f ",c[i][j]);
    }
    printf("\n");
  }
}
```

## 8.2 並列処理の実際

本書で扱った内容のうち，数値積分と連立一次方程式は並列処理と相性が良い．一方，方程式の解と常微分方程式とは逐次処理の割合が高く，並列処理には向いていない．

並列処理に向いた例として，**偏微分方程式**の数値解，特に**拡散方程式**の数値解を扱う．まず，拡散方程式を解説し，逐次処理によるプログラムを紹介する．その後，並列化しよう．

### 8.2.1 拡散方程式

2 変数関数 $f(x,t)$ に関する次の形の偏微分方程式を拡散方程式とよぶ．多数の粒子が時間の経過とともに空間方向に広がる過程を表す方程式である．

$$\frac{\partial f}{\partial t}(x,t) = \gamma \frac{\partial^2 f}{\partial x^2}(x,t) \tag{8.1}$$

変数 $t \geq 0$ は時刻を表し，変数 $x$ は空間を表している．一般に $x$ は高次元でよいが，本節では空間 1 次元とする．拡散する粒子を熱とみなし，熱伝導を表す方程式でもある．このため，同じ方程式を**熱方程式**ともよぶことが多い．時刻 $t$ における $f(x,t)$ の値は細い針金の各点 $x$ の熱の変化を表すものと考えられる．

拡散方程式を満たす簡単な解 $f(x,t)$ をみておこう．

$$f(x,t) = \frac{1}{\sqrt{4\pi\gamma t}} e^{-\frac{x^2}{4\gamma t}}$$

は (8.1) を満たす．$t$ を固定して $f(x,t)$ のグラフを描くと図 **8.1** のようなグラフになる．図 **8.1** は $\gamma = \dfrac{1}{2}$ とした．時刻 $t$ が 0 に近ければ $x = 0$ の付近での値が増大する関数形であり，$t$ が増加するにつれて $x = 0$ での値が減少し，大きく広がる傾向を見せる．$f(x,t)$ は統計学に現れる正規分布の確率密度関数でもあり，$2\gamma t$ は分散に相当する．分散が増大すれば確率密度関数は大きく広がる傾向を見せることがわかる．同時に，$f(x,t)$ は拡散現象を理解するための基本的な関数である．

時刻 $t = 0$ における初期条件 $f(x,0)$ を与えた場合に $f(x,t)$ を求める問題を拡散方程式の**初期値問題**とよぶ．この数値解を求めるプログラムを考える．

方程式 (8.1) の左辺には $t$ の 2 階偏導関数，右辺には $x$ の 2 階偏導関数が現

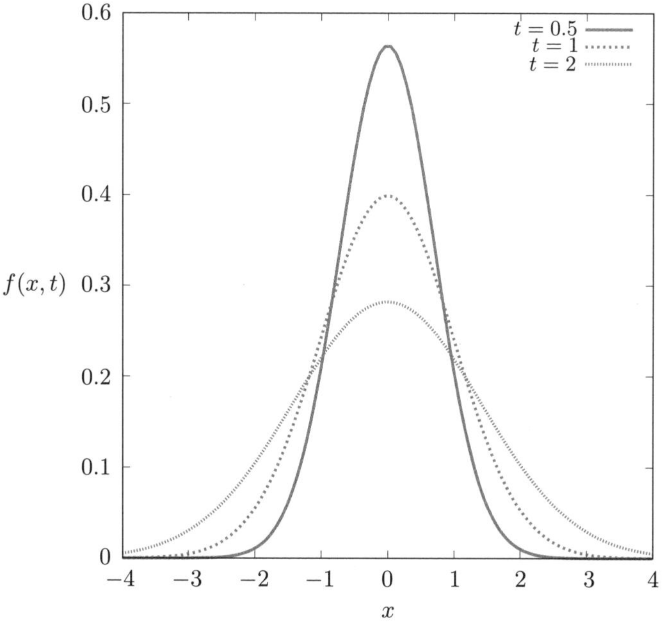


図 **8.1**　拡散方程式を満たす関数 $f(x,t) = \frac{1}{\sqrt{2\pi t}}e^{-\frac{x^2}{2t}}$ のグラフ

れている．左辺は通常の差分（前進差分）とする．

$$\frac{\partial f}{\partial t}(x,t) = \frac{f(x,t+\Delta t) - f(x,t)}{\Delta t} + o(\Delta t)$$

(8.1) の右辺は次の形で差分化する．

$$\frac{\partial^2 f}{\partial x^2}(x,t) = \frac{f(x+\Delta x) - 2f(x) + f(x-\Delta x)}{\Delta x^2} + o(\Delta x^2)$$

よって，高次の項を無視すると (8.1) を次の形に変形できる．

$$f(x,t+\Delta t) = f(x,t) + \frac{\Delta t}{\Delta x^2}(f(x+\Delta x,t) - 2f(x,t) + f(x-\Delta x,t)) \quad (8.2)$$

(8.2) は，$f(x,t+\Delta t)$ の値を $f(x,t)$ の値から定める関係式を与えている．$\dfrac{\Delta t}{\Delta x^2}$ が一定値 $\lambda$ を保つと仮定し，$x, t$ を離散化すれば次の通り．

$$f_{x,t+1} = f_{x,t} + \lambda\gamma(f_{x-1,t} + f_{x+1,t} - 2f_{x,t}) \quad (8.3)$$

これを用い，$t = 0$ において $f_{x,0}$ の値を各 $x$ について与えることで，(8.1) の初期値問題に関する数値解を $t = 1, 2, \ldots$ に関して得ることができる．このプログラム例を下記に示す．初期条件として，空間方向の配列要素数の中点にのみ 0 ではない値を持たせた．

```
#include <stdio.h>
#include <math.h>

#define T 50
#define X 30

double f[X][T];

int main()
{
  int t,x;
  double r=0.2;

  /* 配列 f の初期化 */
  for(t=0; t<T; ++t){
    for(x=0; x<X; ++x){
      f[x][t]=0;
    }
  }
  /* x の中点のみ 1 を代入 */
  f[X/2][0]=1;

  /* 各 t に関して f[x][t] を求める */
  for(t=0; t<T-1; ++t){
    for(x=1; x<X-1; ++x){
     f[x][t+1]=f[x][t]+r*(f[x+1][t]-2*f[x][t]+f[x-1][t]);
    }
  }
```

```
  /* (x,t,f) の形式で配列 f[x][t] の出力 */
  for(t=0; t<T; ++t){
    for(x=0; x<X; ++x){
      printf("%d %d %f\n",t,x,f[x][t]);
    }
    printf("\n");
  }

}
```

与えたプログラムによる拡散方程式の数値解を図 **8.2** に示した．時間 $t$ が増加するに従い，空間成分は大きく広がっていくことがわかる．

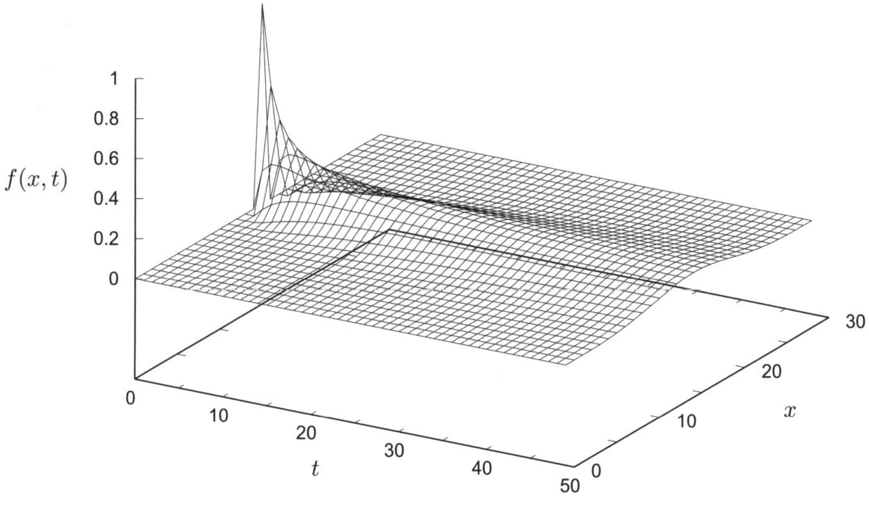


図 **8.2**　数値解を 3 次元的に表示

数値解 $f_{x,t}$ の値を濃淡で表すヒートマップ表示では図 **8.3** のようになる．時刻 $t=0$ では空間成分 $x$ の中点のみに集中している $f_{x,t}$ が時刻 $t$ の増加に従って拡散していく様子がよくわかる．

空間の次元を上げることで一般の拡散方程式を定める．空間 2 次元であれば

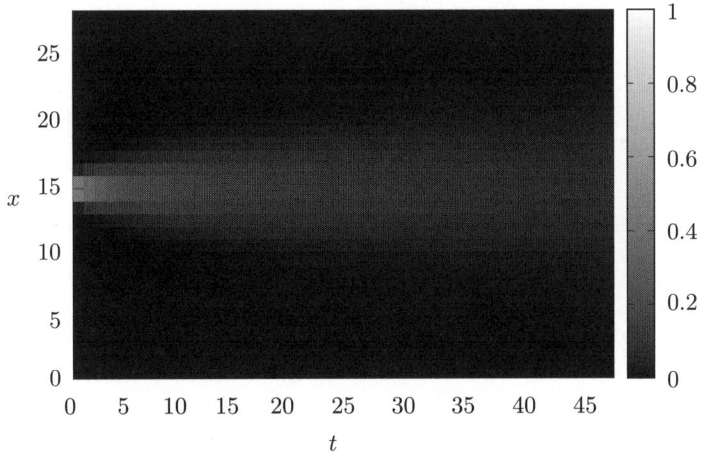


図 **8.3**　数値解をヒートマップによって表示

次の通りである．

$$\frac{\partial f}{\partial t}(x,y,t) = \gamma\left(\frac{\partial^2 f}{\partial x^2}(x,y,t) + \frac{\partial^2 f}{\partial y^2}(x,y,t)\right) \tag{8.4}$$

関数 $f(x,y,t)$ の $x, y$ による 2 階の偏導関数を離散化する過程も空間 1 次元の場合と同様である．

$$\frac{\partial^2 f}{\partial x^2}(x,y,t) = \frac{f(x+\Delta x,y,t) - 2f(x,y,t) + f(x-\Delta x,y,t)}{\Delta x^2} + o(\Delta x^2)$$

$$\frac{\partial^2 f}{\partial y^2}(x,y,t) = \frac{f(x,y+\Delta y,t) - 2f(x,y,t) + f(x,y-\Delta y,t)}{\Delta y^2} + o(\Delta y^2)$$

空間 1 次元の場合と同じように，次の関数がこれを満たす解の 1 つであることがわかる．

$$f(x,y) = \frac{1}{2\pi\gamma t}e^{-\frac{x^2+y^2}{4\gamma t}}$$

### 8.2.2　拡散方程式の並列化

1 次元の拡散方程式の初期値問題に関する数値解を与えるプログラムを OpenMP によって並列化する．時間変化を記述する for 文と空間成分を記述する for 文との並列化に関する区別に注意する．時間変化を記述する変数 t に関する for 文は逐次処理とし，空間成分の処理である double 型の変数 x に関する for 文のみ並列化しなければならない．このような条件の元で並列化する．

```
#include <stdio.h>
#include <math.h>

#ifdef OMP
#include <omp.h>
#endif

#define T 50
#define X 30

double f[X][T];

int main()
{
  int t,x;
  double r=0.2;

  /* 配列 f の初期化 */
  for(t=0; t<T; ++t){
    for(x=0; x<X; ++x){
      f[x][t]=0;
    }
  }
  /* x の中点のみ 1 を代入 */
  f[X/2][0]=1;
```

```
    /* 各 t に関して f[x][t] を求める */
    #pragma openmp parallel for private(x)
    for(t=0; t<T-1; ++t){
      for(x=1; x<X-1; ++x){
       f[x][t+1]=f[x][t]+r*(f[x+1][t]-2*f[x][t]+f[x-1][t]);
      }
    }

    /* (x,t,f) の形式で配列 f[x][t] の出力 */
    for(t=0; t<T; ++t){
      for(x=0; x<X; ++x){
        printf("%d %d %f\n",t,x,f[x][t]);
      }
      printf("\n");
    }

  }
```

プログラムでは，図 **8.2** および図 **8.3** を作成できるように $f_{x,t}$ を 2 次元配列 f[x][t] に格納した．通常は特定の時刻における数値解を得られればよいことが多く，f[x] などとして全ての時刻の情報を保存することはしない．

時刻 t に関する for 文の内部に **#pragma omp for** を書いてしまうとスレッド取得のオーバーヘッドが大きくなるため，外部で **#pragma omp** として並列化を準備しておき，実際に並列化する for 文は内部の **#pragma omp for** によって指定する．

空間 2 次元の拡散方程式の数値解を求めるプログラムを次に示す．

```
#include <stdio.h>
#include <math.h>
#include <omp.h>

#define T 50
#define X 100
```

```
#define Y 100

double f[X][Y];
double g[X][Y];

int main()
{
  int t,x,y;
  double r=0.2;

  /* 配列 f の初期化 */
  for(t=0; t<T; ++t){
    for(x=0; x<X; ++x){
      for(y=0; y<Y; ++y){
f[x][y]=0;
      }
    }
  }
  /* x,y の中点のみ 1 を代入 */
  f[X/2][Y/2]=1;

  /* 各 t に関して f[x][t] を求める */
  {
    #pragma omp
    for(t=0; t<T-1; ++t){
      #pragma omp parallel for
      for(x=1; x<X-1; ++x){
        for(y=1; y<Y-1; ++y){
          /* スレッド数出力 */
          /* printf("y:%d\n",omp_get_thread_num()); */
          g[x][y]=f[x][y]
                  +r*((f[x+1][y]-2*f[x][y]+f[x-1][y])
                     +(f[x][y+1]-2*f[x][y]+f[x][y-1]));
```

```
        }
      }
      for(x=1; x<X-1; ++x){
        for(y=1; y<Y-1; ++y){
          f[x][y]=g[x][y];
        }
      }
    }
  }

  //(x,y,f) の形式で配列 f[x][t] の出力
  for(x=0; x<X; ++x){
    for(y=0; y<Y; ++y){
      printf("%d %d %f\n",x,y,f[x][y]);
    }
    printf("\n");
  }
}
```

空間 1 次元のプログラムでは時間経過を含めて全ての計算結果を 2 次元配列に保存していた．空間 2 次元の場合は時間経過を全て保存すると 3 次元配列となって配列のサイズが大きくなる．これを避けるために，各時刻での数値解 $f_{x,y,t}$ を格納する 2 次元配列を f として用意し，f から得られる次の時刻での数値解を g に格納する．

最終的な数値解は図 8.4 のようなグラフとなる．

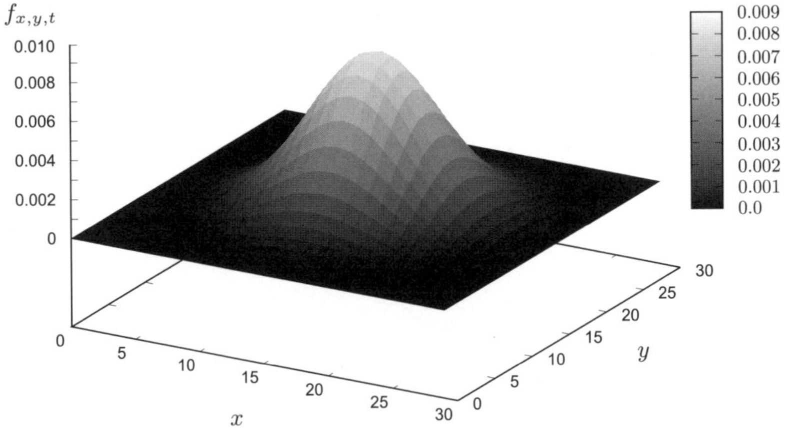


図 8.4 2 次元の拡散方程式の初期値問題に関する数値解を表示.

# 第 9 章 数式処理システムMaximaを使う

本章では数式処理系と総称するプログラム言語からMaximaという処理系を紹介する．Maximaを用いる理由は無償のソフトウェアであり誰でも障壁なく利用できるからである．有償の数式処理系にはMathematica, Mapleなどがあり，高機能であるが高額である一方で，無償のMaximaも十分な機能を備えている．C言語に加えてMaximaを利用することで，数値計算にとどまらない計算機の利用範囲を広げることができる．

C言語はコンパイル型の言語であり，ソースプログラムを作成したのちにコンパイルして実行形式ファイルを作成し，実行形式ファイルを実行するのであった．Maximaはインタプリタ型の言語であり，実行環境の中で1行ずつ行う処理が基本である．1行ごとの処理を複数まとめてマクロとよぶファイルを作る．このマクロを実行することがプログラムに相当する．本章では前章までに本書で扱った内容をMaximaで処理することを目的とする．

MaximaはWindows, Mac, Linuxなど主要なOSに対応した実行ファイルをダウンロードできる．2020年3月現在はwxMaximaとよばれる処理系が`https://wxmaxima-developers.github.io/wxmaxima/`から使いやすい形で提供されている．有名なソフトウェアであるからwxMaximaと検索すれば間違いなく発見できる．本章ではwxMaximaを前提として解説する．

## 9.1 Maxima の環境

Maxima を起動すると次のような画面が表示される.

```
(%i1)
```

入力を促すプロンプト (%i1) に続いて Maxima の処理を入力する.

次に示すように処理を入力すると対応する出力が得られる. wxMaxima の場合, 入力内容を実行させるには, Shift キーと Enter キーを同時に押す. 出力の後に次の処理の入力を待つ. 処理はセミコロン; で区切る.

```
(%i1) 1+1;
(%o1)          2
(%i2)
```

セミコロンにかえて $ を用いると出力を抑制する.

```
(%i1) 1+1$
```

## 9.2 変数と代入

変数への代入にはコロン:を用いる．基本的な数学定数はあらかじめ用意されている．自然対数の底は %e，円周率は %pi，虚数単位は %i である．複素数を自然に使うことができる．変数 a に 10 を代入し，b に $2\pi$ を代入，z に $1+2i$ を代入する例を示す．

```
(%i1) a:10;
(%o1)                                  10
(%i2) b:2*%pi;
(%o2)                                2 %pi
(%i3) z:1+2*%i;
(%o3)                               2 %i + 1
(%i4)
```

複素数の実部は realpart(z); であり，虚部は imagpart(z); である．

配列を宣言するには配列変数名と要素数を指定し array(x,5) などとする．C 言語と異なり，指定した要素数まで配列要素を使うことができる．C 言語で int x[5] と宣言した場合は x[0] から x[4] までを配列要素として使える．Maxima の場合は次のように array(x,5); と配列 x を宣言すれば x[0] から x[5] まで使うことができる．

```
array(x,5);
x[0]:1; x[1]:2; x[2]:3; x[3]:4; x[4]:5; x[5]:6;
```

## 9.3 制御構造と処理ブロック

条件分岐は if 文である．

```
if x=0 then y:2;
```

条件が成立しない場合の処理を決める場合は次のように else を用いる．

```
if x=0 then y:2 else y:3;
```

for 文は次のように使う．配列 x の配列要素 x[n] に x[0] から x[5] まで $n^2$ を代入する処理は次のようになる．

```
array(x,5);
for n:0 thru 5 do x[n]:n^2;
```

処理ブロックは次のように定める．ブロック内のみで定義される局所変数を [] 内に与える．ブロック内での処理をカンマ，で区切って記述する．

```
block([tmp], , );
```

具体的には次のように記述する．同じ要素数の配列 x, y へ for 文で値を格納する処理である．

```
array(x,5);
array(y,5);
for n:0 thru 5 do block(x[n]:n^2,y[n]:n^3);
```

## 9.4 数式処理

Maxima の特徴は数式処理にある．初等的な式変形に対応する機能を備えている．式の展開であれば

```
expand((x-1)*(x-2));
```

として $(x-1)(x-2)$ の展開結果を得る．因数分解であれば

```
factor(x^2-1);
```

として $x^2-1$ の因数分解結果を得る．

解析的に解ける方程式 $x^2+x-1=0$ の解を求めるには

```
solve(x^2+x=1,x);
```

である．実行例を示す．

```
(%i1) solve(x^2+x=1,x);
(%o1) [x=-(sqrt(5)+1)/2,x=(sqrt(5)-1)/2]
```

連立方程式であれば条件式を [2*x+3*y=1,3*x+2*y=1] という形で列挙し，求める未知数も同様に [x,y] と列挙して

```
solve([2*x+3*y=1,3*x+2*y=1],[x,y]);
```

とする．数値解であれば

```
allroots(x^3+x+1=0);
```

である．

導関数や原始関数を解析的に求めることも可能である．$x^2$ を $x$ について微分するには

```
diff(x^2,x);
```

とする．原始関数を求めるには

```
integrate(x^2,x);
```

として $x^2$ の原始関数を求める．原始関数を初等関数として表せない場合はその旨表示される．区間 $[0,1]$ で $x^2$ の定積分を求めるには

```
integrate(x^2,x,0,1);
```

である．

数値積分は romberg() を用いる．

```
(%i11)          romberg(exp(-x^2),x,0,1);
(%o11)          0.7468241699098985
```

ここでは本書では扱わなかったロンバーグ法を用いて数値積分している．

行列を定義する．$2 \times 2$ 行列 $A = \begin{pmatrix} 1 & 2 \\ 3 & 4 \end{pmatrix}$ であれば，次のように行ベクトルを順に matrix() へ記述する．

```
A:matrix([1,2],[3,4]);
B:matrix([1,1],[1,0]);
```

行列の演算も用意されている．和と差は+, -であり，行列としての積は.（下ドット）である．

```
A+B;
3*A;
A.B;
```

成分ごとの積は A*B である．行列としての積と混同しないように注意する．

行列式は determinant() である．実行すると行列 A の行列式 $-2$ を出力する．

```
(%i7) determinant(A);
(%o7) -2
```

逆行列は invert() である.

```
(%i8)  invert(A);
(%o8)  matrix(
                [-2,    1],
                [3/2,   -1/2]
       )
```

この出力形式は実際の画面とは異なるが，行列 A の逆行列であることを理解してほしい.

行列およびベクトルの転置は transpose() である.

```
(%i9)  transpose(A);
(%o9)  matrix(
                [1,     3],
                [2,     4]
       )
```

固有値と固有ベクトルを求めることもできる．固有値だけを求めるのであれば eigenvalues() を使う.

```
(%i10) eigenvalues(A);
(%o10) [[-(sqrt(33)-5)/2,(sqrt(33)+5)/2],[1,1]]
```

出力結果は，固有値と重複度が順に並んでいる.

固有ベクトルまで求めるのであれば eigenvectors() である.

```
(%i11)  eigenvectors(B);
(%o11)  [[[-(sqrt(33)-5)/2,(sqrt(33)+5)/2],[1,1]],
          [[[1,-(sqrt(33)-3)/4]],[[1,(sqrt(33)+3)/4]]]]
```

固有値と重複度の出力と，対応する固有ベクトルが出力される．固有値が重複する場合は固有ベクトルが正確ではない場合があることに注意しなければならない．

$LU$ 分解には lu_factor() を用いる．

```
(%i9) m:matrix([1,2],[2,1]);
(%o9) matrix([1,2],[2,1])
(%i10) lu_factor(m);
(%o10)  [matrix(
                [1,      2],
                [2,      -3]
        ),[1,2],generalring]
```

出力結果の行列は次のように解釈する．下三角行列 $L$ の非対角成分が出力結果の下三角部分に現れる．$L$ の対角成分は全て 1 である．$U$ は出力結果の対角成分を含む上三角成分である．続くベクトルは，ピボット選択が生じたかどうかを示す．昇順になっていればピボット選択は生じていない．

ピボット選択が生じる場合は次のようになる．

```
(%i11) m:matrix([0,1,2],[1,0,3],[3,1,0])$
(%i12) lu_factor(m);
(%o12) [matrix(
               [0,1,2],
               [1,0,3],
               [3,1,-11]
        ),[2,1,3], generalring]
```

出力結果から $L$ と $U$ を求め，積をとった後に元の行列を復元するには 2 行目と 1 行目を入れ替える必要があるという意味である．

## 9.5 関数定義

関数を定義する．f(x) を引数 x について x^2 を返す関数として定義するには次のように記述する．

```
define(f(x),x^2);
```

または

```
f(x):=x^2;
```

前節で紹介した微分操作 diff などの結果を関数に使う場合は define を使う．

```
define(g(x),diff(x^3,x));
```

両者の違いは，定義として与えた右辺に引数の値が陽に現れるかどうかである．

## 9.6 パッケージの利用

Maxima の基本機能とは別に，応用機能はパッケージとして提供されている．Maxima によって方程式の数値解を求めるには，ニュートン法を実装したパッケージ mnewton を読み込み，**mnewton()** を利用する．$x^3 - x = 2$ をニュートン法によって初期値 1 を用いて解くには次のようにする．

```
(%i7) load(mnewton)$
(%i8) mnewton(x^3-x=2,x,1);
(%o8) [[x=1.521379706804568]]
```

## 9.7 Maximaにおけるプログラム

以上でMaximaを用いて逐次的に処理する手順を学んだ．処理の手順をテキストファイルに記述してソースファイルを作成し，これを読み込んで実行することも可能である．Maximaではこのソースファイルをバッチファイルとよぶ．

例として，漸化式が定める数列を求めてみよう．配列 x を次のように定め，for 文を用いて x[n] に $x_{n-1}(1-x_{n-1})$ を代入する．

```
array(x,100);
x[0]:0.1;
for n:1 thru 100 do x[n]:x[n-1]*(1-x[n-1]);
```

この内容を記述したテキストファイルを作成し，ex.mac というファイル名で保存する．「ファイル」メニューから「バッチファイル」を選び，ファイルを選択すると，自動的に実行される．この場合，バッチファイル名の末尾は.mac でなければならない．これは「マクロ」の英語名に由来する．

あるいは，batch() を用いる．

```
batch("ex.mac");
```

このように，マクロを用いてプログラムを作成することができる．本章で紹介した内容が使えればC言語と大きく変わるところはない．

## 9.8　Maxima によるグラフ描画

Maxima では初等関数のグラフを簡単に描画できる．$\sin x$ のグラフを区間 $[0, 10]$ の範囲で描くなら `plot2d()` を用いて次のように記述する．描画する関数に続いて変数 `x` の範囲を `[x,0,10]` と指定する．

```
plot2d(sin(x),[x,0,10]);
```

結果は図 **9.1** のように描画される．

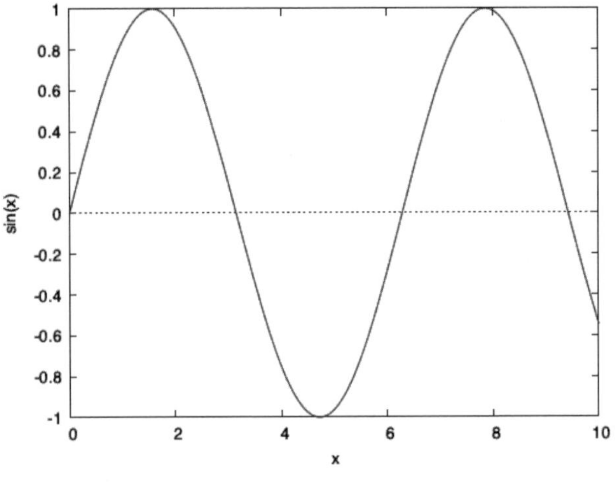


図 **9.1**　$\sin x$ の描画例

配列 `x` に格納された数値を $y$ 座標の値として順に描画するには次のように記述する．配列 `x` には前項の例で計算した漸化式 $x_n = x_{n-1}(1 - x_{n-1})$ の値を用いた．

```
plot2d([discrete, listarray(x)],[x,0,100]);
```

結果は図 **9.2** のように描画される．

2 変数関数のグラフも描画できる．$f(x, y) = x^2 + y^2$ のグラフを $x \in [-3, 3]$, $y \in [-3, 3]$ の範囲で描画するには `prot3d()` を用いる．関数に続いて `x` および

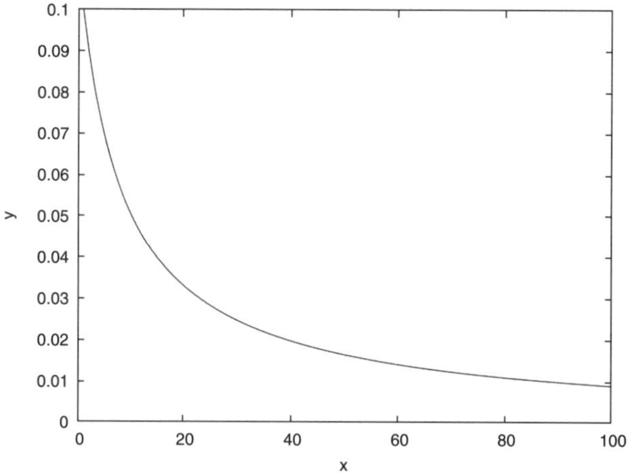


図 9.2　配列に格納した数値の描画例

y の範囲を記述する.

```
plot3d(x^2+y^2,[x,-3,3],[y,-3,3]);
```

結果は図 9.3 のように描画される.

C 言語の出力結果を保存したファイルを読み込んでプロットすることもできる. 次のような座標データの組がファイル data.txt に保存されているものと

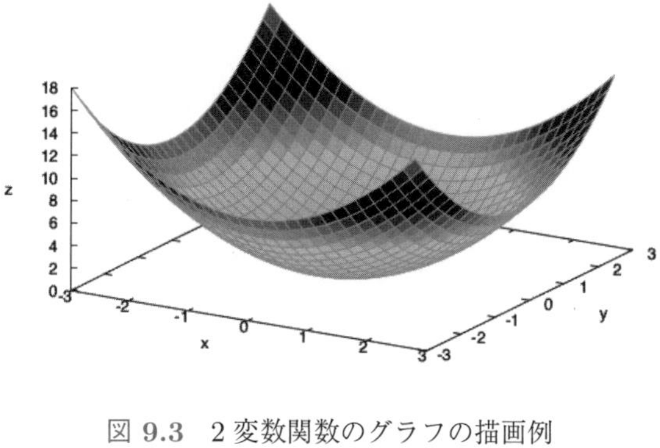


図 9.3　2 変数関数のグラフの描画例

する．5行で止めているが，ニュートン補間のプログラム例で出力した結果である．

```
0.000000 -20.847273
0.100000 -18.840000
0.200000 -16.624000
0.300000 -14.290909
0.400000 -11.922182
```

このファイルを読み込んでプロットするには次のように記述する．環境によってはファイル名の前にフォルダ名を付加する必要があるかもしれない．

```
d:read_nested_list("data.txt");
plot2d([discrete,d]);
```

出力結果は図 **9.4** の通り．

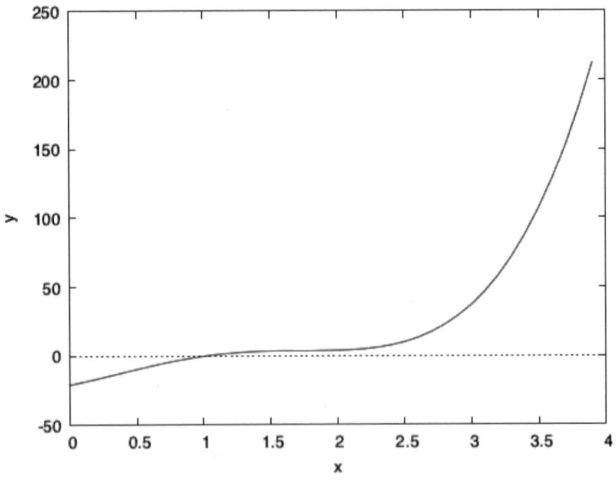


図 **9.4**　座標データを読み込んでプロットした結果

# 第 10 章
# Pythonと数値計算

Pythonは機械学習およびデータ解析に広く利用されているプログラム言語である．特にデータサイエンス・機械学習に関するモジュールが整備されており，NumPy, SciPy, SymPyなどの科学計算向けモジュールを利用することで数値解析や行列・ベクトルの処理，数式処理などを効率的に処理できる．

本章ではPythonの文法，モジュールの詳細な利用法などは省き，本書で扱った初歩の数値計算に関する内容の一部をPythonのプログラムとして書き下すことを目的とした．読者には，前章のMaximaを含めて多様な処理系に触れるきっかけとしてほしい．Pythonの処理系としては，WindowsであればWinPythonなどをJupyter Notebookの上で利用することが一般的であろう．LinuxやMacなどでも同様の環境は比較的容易に整備できるはずである．

Pythonではインデントによってプログラムの処理ブロックを形成する．これだけ知っていればC言語との類推によって以下のプログラムは読めるだろう．

## 10.1 方程式の数値解

まず，二分法による方程式 $f(x)=0$ の解を与えるPythonのプログラムである．Pythonでは変数を宣言しておく必要はない．また，print関数による出力において用いるフォーマット文字列の形式がC言語のprintf関数とは異なっている．

```
def f(x):
        return(x*x*x-2.0)
```

```
eps=0.00001
err=10.0
a=0.0
b=10.0

while eps<err:
        c=(a+b)/2.0
        if f(c)>0:
                b=c
        else:
                a=c
        err=abs(b-a)
        print("(%.10f,%.10f),error=%.10f" % (a, b, err))
```

ニュートン法のプログラム例は次の通り．二分法と同様に，C 言語がわかれば解読は難しくない．

```
def f(x):
        y=x*x*x-2
        return(y)

def df(x):
        y=3*x*x
        return(y)

x=10.0
err=10.0
eps=0.000001

while err > eps:
        print(x,err)
        y=x-f(x)/df(x)
        err=abs(x-y)
        x=y
```

## 10.2　モジュールの利用

数値計算向けモジュール NumPy を用いれば，方程式 $x^3-2=0$ の解は次のようなプログラムでよい．numpy モジュールを import し，numpy モジュールに含まれる roots() 関数の引数に，方程式の左辺に現れる多項式の係数をリストとして与える．

```
import numpy
print(numpy.roots([1,0,0,-2]))
```

結果は次のようにリストとして返る．虚数単位を j と表している．

```
[-0.62996052+1.09112364j,
  -0.62996052-1.09112364j,1.25992105+0.j]
```

SciPy モジュールを用いれば二分法もしくはニュートン法によって一般の方程式の数値解を与えることができる．SciPy モジュールの optimize パッケージから bisect 関数を用いて二分法，newton 関数を用いてニュートン法である．

bisect 関数の引数には方程式 $f(x)=0$ の左辺の関数 $f(x)$ および解の存在する区間の端点の値を渡す．

```
from scipy.optimize import bisect
def f(x):
   return(x*x*x-2)
print(bisect(f,0, 2))
```

newton 関数の引数には方程式 $f(x)=0$ の左辺の関数 $f(x)$ およびニュートン法の初期値を与える．

```
from scipy.optimize import newton
def f(x):
   return(x*x*x-2)
print(newton(f, 10))
```

## 10.3 数値積分

高速化した台形則のプログラム例を与える．誤差判定に fabs() 関数を利用するために math モジュールを import しておく．

```
import math

def f(x):
  return(1/(1+x*x))

a=0.0
b=1.0
n=1
h=(b-a)/n

eps=1e-7
err=10
s0=(f(a)+f(b))/2
s=0.0
while err>eps:
  n=n*2
  h=h/2
  s=s0/2
  k=1
  while k<n:
    s=s+f(a+k*h)*h
    k=k+2
  err=math.fabs(s-s0)
  s0=s
  print(n,4*s,err)
```

シンプソン法も大きな違いはない．while 文が二重になるため，Python ではインデントに注意しなければならない．ループの範囲を確実に把握することが必要になる．

```
import math

def f(x):
  return(1/(1+x*x))

n=1
a=0
b=1
h=(b-a)/n

se0=(f(a)+f(b))*h/6
so0=4*f((a+b)/2)*h/6
se=0
so=0

eps=1e-7
err=10

while(err>eps):
  h=h/2
  n=n*2
  se=se0/2+so0/4
  so=0
  k=0
  while(k<n):
    so=so+4*f(a+k*h+h/2)*h/6
    k=k+1
  err=math.fabs(so+se-so0-se0)
  se0=se
```

```
    so0=so
    print(n,se+so,err)
```

SciPy モジュールの integrate パッケージを用いると quad() 関数を利用できる．定積分を誤差評価とともに求められる．quad 関数には被積分関数と定積分の範囲を渡す．

```
from scipy import integrate
def f(x):
  return x*x*x-2
print(integrate.quad(f, 0,1))
```

出力結果は積分値と誤差の組である．

出力結果

```
(-1.75, 1.942890293094024e-14)
```

## 10.4 常微分方程式の数値解

常微分方程式 $x'(t) = x(t)(1 - x(t))$ の初期値問題についての数値解を差分法で与える Python プログラムを示す．これも，C 言語からの類推はやさしい．リスト（配列）`x` へ数値解の値を格納し，リスト `t` へ時刻の値を格納する．

```
def f(u):
        return(u*(1-u))


N=100
x=list(range(0,N))
t=list(range(0,N))
h=0.1
x[0]=0.01
t[0]=0.0
for n in range(1,N):
        x[n]=x[n-1]+f(x[n-1])*h
        t[n]=n*h
        print(t[n],x[n])
```

常微分方程式も次のように SciPy モジュールから odeint 関数を用いて数値解を得ることができる．第 5 章の微分方程式のコラムに示したファンデルポール方程式の数値解を与えるプログラムを示す．

時刻を格納するリスト `t` には numpy モジュールの arange 関数を用いて 0 から 99.99 まで 0.01 刻みの値を格納する．odeint 関数は微分方程式の右辺に現れるベクトル場の関数 `f` と初期値を格納したリスト `v0`，時刻を格納したリスト `t` を引数とする．

```
import numpy as np
from scipy.integrate import odeint
def f(v, t):
    return [v[1], 1.0*(1-v[0]*v[0])*v[1]-v[0]]
v0 = [1, 1]
```

```
t=np.arange(0, 100, 0.01)
w = odeint(f, v0, t)
```

数値解を格納したリスト `w` をプロットするには次のようにモジュール matplotlib などを用いる.

```
import matplotlib.pyplot as plt
plt.plot(w[:,0],w[:,1])
```

結果は図 **10.1** のように描画される.

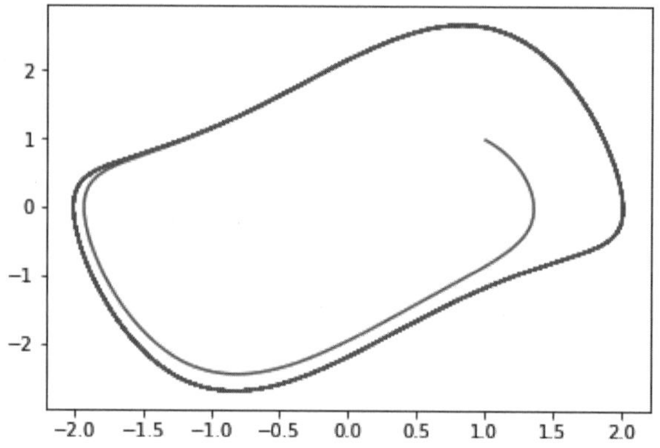


図 **10.1**　Python の Jupyter Notebook で描画したファンデルポール方程式の軌道

## 10.5 数式処理

SymPy モジュールを利用すると Python で数式処理を利用することができる．まず，SymPy モジュールを読み込んで，記号 $x$ を定義する．

```
from sympy import *
x=Symbol('x')
```

以下，上の 2 行は実行済みとする．方程式の解であれば solve() 関数を用いる．

```
solve(Eq(x*x,3))
```

出力結果は次のようになり，2 次方程式 $x^2 = 3$ の解 $\pm\sqrt{3}$ が得られている．

出力結果

```
[-sqrt(3), sqrt(3)]
```

ここで，Eq(x*x,3) は $x^2 = 3$ を表している．Eq(x,y) と書いて等式 $x = y$ を意味する．これを solve() 関数に与えて $x = y$ の解を得られる．

初等関数の微分は次のように書ける．

```
diff(exp(x)*(x**3),x)
```

これは関数 $x^3 e^x$ の導関数を表示する．x**3 は $x^3$ を表す．

不定積分および定積分は integrate() 関数を用いる．不定積分は次のように書く．

```
integrate(sin(x)*x)
```

これによって $\int x\sin(x)dx = \sin(x) - x\cos(x)$ を求められる．出力結果に積分定数が現れないことに注意する．定積分は次のように書く．

```
integrate(exp(x)*(x**3),[x,0,1])
```

これによって定積分 $\int_0^1 x^3 e^x dx = 6 - 2e$ を求めることができる．積分範囲をリストで与える．

常微分方程式の解は次のように求める．

```
f=Function('f')
dsolve(Eq(Derivative(f(x)), f(x)*(1-f(x))))
```

記号 $f$ によって未知の関数 $f(x)$ を表し，`Derivative(f(x))` は $f(x)$ の導関数を表す．`dsolve()` 関数の引数に常微分方程式 $f'(x) = f(x) * (1 - f(x))$ を `Eq()` によって与え，一般解を求めることができる．結果は周知の通り下記のようになる．

$$f(x) = \frac{1}{C_1 e^{-x} + 1}$$

以上，Python による数値計算の一端を紹介した．SciPy, NumPy, SymPy の機能は豊富であり，うまく活用することで短時間に結果を得ることができる．

# 演習問題解答例

各章の問題の解答例を示す．

## 第 1 章　数値解析とは

**1.** ベクトルを配列として与える．関数 vector_print にはベクトルの各成分を格納した配列とベクトルの次元を引数として与える．ベクトルとして出力するために，カッコやカンマの出力処理を考えなければいけない．

```
void vector_print(double a[], int n)
{
  int k;
  printf("(");
  for(k=0; k<n; ++k){
    printf("%f", a[k]);
    if( k!=n-1 ){
      printf(",");
    }else{
      printf(")\n");
    }
  }
}
```

**2.** 関数 inner_product にはベクトルの次元とベクトルの各成分を格納する配列を引数として渡す．内積の値は double 型で返す．double 型の配列に格納した 2 つのベクトルの成分ごとに積をとり，順に加算する．

```
double inner_product(int n, double v[], double u[])
{
  int k;
  double s=0;
```

```
  for(k=0; k<n; ++k){
    s+=v[k]*u[k];
  }
  return(s);
}
```

**3.** 複素数を構造体として定義し，Complex 型を typedef 文によって決める．各関数は Complex 型の引数を 2 つとり，Complex 型を返すものとする．

```
Complex csub(Complex z, Complex w)
{
  Complex t;
  t.re=z.re-w.re;
  t.im=z.im-w.im;

  return(t);
}

Complex cmul(Complex z, Complex w)
{
  Complex t;
  t.re=z.re*w.re-z.im*w.im;
  t.im=z.re*w.im+z.im*w.re;

  return(t);
}

Complex cdiv(Complex z, Complex w)
{
  Complex t;
  double s;
  s=w.re*w.re+w.im*w.im;

  t.re=(z.re*w.re+z.im*w.im)/s;
```

```
  t.im=(z.im*w.re-z.re*w.im)/s;

  return(t);
}
```

## 第 2 章　方程式を解く

**1.** $f(a)$ あるいは $f(b)$ と $f(\frac{a+b}{2}) = f(t)$ の積の符号を考えることで簡潔に書ける．$f(a)f(t) < 0$ の場合に $t$ をあらためて $b$ とおき，$f(a)f(t) \geq 0$ の場合すなわち $f(b)f(t) < 0$ の場合に $t$ をあらためて $a$ とおく．

```
while( err > eps ){
  t=(b+a)/2;
  if( f(t)*f(a) < 0.0 ){
    b=t;
  }else{
    a=t;
  }
  err=b-a;
  printf("err:%lf, %lf < c < %lf\n", err,a,b);
}
```

**2.** 二分法の処理を C 言語の関数 `bisec()` にまとめ，結果のみ出力するプログラム例を示す．$a$, $b$, 許容する誤差の値を引数として渡し `bisec(a,b,eps)` と実行する関数である．

```
#include <stdio.h>
#include <stdlib.h>
#include <math.h>
double bisec(double,double,double);
double f(double);
int main()
{
  double a=0.0, b=10.0;
  double eps=0.0001;
```

```
  printf("%lf\n", bisec(a,b,eps));
}
double bisec(double a, double b, double eps)
{
  double err=b-a;
  double t;
  while( err > eps ){
    t=(b+a)/2;
    if( f(t)*f(a) < 0.0 ){
      b=t;
    }else{
      a=t;
    }
    err=b-a;
  }
  t=(b+a)/2;
  return(t);
}
double f(double x)
{
  return(2.0-x*x);
}
```

**3.** $f(x) = x^4 - 8x^2 + 5$ とおいて，方程式 $f(x) = 0$ の解を求めればよい．$y = f(x)$ のグラフ（図 **A.1**）は $y$ 軸について対称であるから，正の解を求めれば負の解もわかる．$x^2$ の 2 次方程式でもあるから，真の解を求めて比較することもできる．

図 **A.1** より，2 つの区間 $[0, 1]$ と $[2, 3]$ の間にそれぞれ解が存在すると予想して，実際に二分法を用いればよい．あるいは，プログラム例のように $a, b$ を自動的に変化させながら解を求めてもよい．

```
#include <stdio.h>
#include <stdlib.h>
#include <math.h>
double bisec(double,double,double);
```

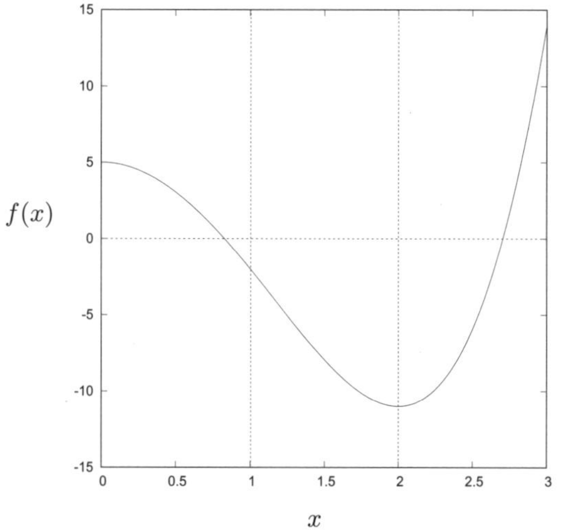


図 **A.1**　$f(x) = x^4 - 8x^2 + 5$ の $x > 0$ におけるグラフ

```
double f(double);
int main()
{
  double start=-5.0;
  double h=0.5;
  double a, b;
  double eps=0.0001;
  for(a=start; a<5.0; a+=h){
    b=a+h;
    if( f(a)*f(b)<0.0 ){
      printf("%lf\n", bisec(a,b,eps));
    }
  }
}
double bisec(double a, double b, double eps)
{
  double err=b-a;
```

```
  double t;
  while( err > eps ){
    t=(b+a)/2;
    if( f(t)*f(a) < 0.0 ){
      b=t;
    }else{
      a=t;
    }
    err=b-a;
  }
  t=(b+a)/2;
  return(t);
}
double f(double x)
{
  return(x*x*x*x-8*x*x+5);
}
```

**4.** ニュートン法において，$f''(c) < 0$ の場合は $y = f(x)$ のグラフが上に凸となる．この場合，適切な初期値 $x_0$ をとれば真の解に下から近づく $x_n$ を同じプログラムで計算できる．従って同じプログラムを適用できる．

**5.** 複素ニュートン法のプログラム例を次に示す．ここで与えた初期値では解 $\frac{-1+\sqrt{3}i}{2}$ に収束する．

```
#include <stdio.h>
#include <math.h>

typedef struct {
  double re;
  double im;
} Complex;

Complex newton(Complex, double);
Complex csub(Complex, Complex);
```

```
Complex cmul(Complex, Complex);
Complex cdiv(Complex, Complex);

Complex f(Complex);
Complex df(Complex);

int main()
{
  Complex x={-1.0,1.0};
  Complex y;
  double eps=1.0e-6;
  y=newton(x,eps);
  printf("(%.10f, %.10f)\n",y.re,y.im);
}

Complex newton(Complex x, double eps)
{
  double err;
  Complex y;
  err=1.0;
  while(err > eps){
    y=csub(x,cdiv(f(x),df(x)));
    err=sqrt((x.re-y.re)*(x.re-y.re)+
        (x.im-y.im)*(x.im-y.im));
    x=y;
  }
  return(x);
}
Complex f( Complex x )
{
  Complex y;
  Complex u={1.0,0.0};
  y=cmul(x,x);
```

```
  y=cmul(y,x);
  y=csub(y,u);

  return(y);
}

Complex df( Complex x )
{
  Complex y;
  Complex u={3.0,0.0};

  y=cmul(x,x);
  y=cmul(y,u);
  return(y);
}
Complex csub(Complex z, Complex w)
{
  Complex t;
  t.re=z.re-w.re;
  t.im=z.im-w.im;

  return(t);
}

Complex cmul(Complex z, Complex w)
{
  Complex t;
  t.re=z.re*w.re-z.im*w.im;
  t.im=z.re*w.im+z.im*w.re;

  return(t);
}
```

```
Complex cdiv(Complex z, Complex w)
{
  Complex t;
  double s;
  s=w.re*w.re+w.im*w.im;

  t.re=(z.re*w.re+z.im*w.im)/s;
  t.im=(z.im*w.re-z.re*w.im)/s;

  return(t);
}
```

## 第3章 補 間

**1.** ファイルから読み込む処理を記述する．ファイル名を "datafile.txt" とする．各行に $x$ 座標と $y$ 座標の組が空白で区切られて格納されているものとする．配列 x, y のサイズは十分大きくとっておく．

```
int n=0;
FILE *fp;
fp=fopen("datafile.txt","r");
while(EOF!=fscanf(fp,"%lf%lf", &x[n], &y[n])){
  ++n;
}
```

**2.** $f(x_i) = y_i$ を確認する処理は次のようにする．

```
for(k=0; k<n; ++k){
  printf("%f\n",y[k]-f(x[k], n, x,y));
}
```

出力が全て 0 であることを確かめればよい．

## 第 4 章　数値積分の初歩

**1.** まず，書き換えた台形則のプログラムを示す．

```
#include <stdio.h>
#include <math.h>
double daikei(double,double,double);
double f(double);
int main()
{
  double a=0, b=1;
  double eps=1.0e-7;
  printf("%.10lf\n",daikei(a,b,eps));
{
double daikei(double a,double b,double eps)
{
  int n=1;
  int k;
  double h=(b-a)/n;
  double s0=(f(a)+f(b))*h/2;
  double s;
  double err=1.0;
  while( err > eps ){
    n=n*2;
    h=h/2;
    s=s0/2;
    for( k=1; k < n; k+=2 ){
      s+=f(a+k*h)*h;
    }
    err=fabs(s-s0);
    s0=s;
  }
  return(s);
}
double f(double x)
```

```
{
  return(x*x);
}
```

次に，書き換えたシンプソン法のプログラムは次の問題のプログラムに反映させる．

**2.** 台形則，シンプソン法ともにプログラム例の a, b, f(x) を問題に沿って変更する．シンプソン法のみプログラムを与える．前問に沿って書き換えたプログラムである．

```
#include <stdio.h>
#include <math.h>
double simpson(double,double,double);
double f(double);

int main()
{
  double a=0.0, b=1;
  double eps=1.0e-7;
  printf("%.10lf\n",simpson(a,b,eps));
}
double simpson(double a,double b,double eps){
  int k;
  int n=1;
  double h=(b-a)/n;
  double err=1.0;
  double se0=(f(a)+f(b))*h/6;
  double so0=4*f((a+b)/2)*h/6;
  double s,se,so;
  while(eps < err ){
    n*=2;
    h=h/2;
    se=se0/2+so0/4;
    so=0;
    for( k=0; k<n; ++k ){
      so += 4*f(a+k*h+h/2);
```

```
    }
    so *= h/6;
    err=fabs(so+se-so0-se0);
    se0=se;
    so0=so;
  }
  return(so0+se0);
}
double f(double x)
{
  return(exp(x));
}
```

シンプソン法での実行過程は次の通り，小さな分割数でも計算誤差は急速に小さくなる様子がわかる．

出力結果

```
1 1.718861152 1.000000000
2 1.718318842 0.000542310
4 1.718284155 0.000034687
```

実際に $\int_0^1 \exp(x)dx = e - 1$ であるから，結果は正しい．

**3.** a, b, `f(x)` を問題に沿って変更する．シンプソン法のプログラム例において `f(x)` のみ変更すればよい．

```
double f(double x)
{
  return(exp(-x*x));
}
```

実行結果は 1.4936485149 になる．

## 第 5 章　常微分方程式

**1.** 修正オイラー法を用いた解答例を示す．F(t) は t*(1-t) を返すものとする．

```
#include <stdio.h>

double F(double);

int main()
{
  int i, n=100;
  double h=0.1;
  double f;
  f=0.01;
  for( i=1; i < n; ++i ){
    f=f+h*F(f + h*F(f)/2);
    printf("%f %f\n", h*i, f);
  }
}
double F(double t)
{
  return( t*(1-t) );
}
```

数値解と厳密解を同時に描画した図を次に示す（図 **A.2**）．厳密解は 5.4 節にて得られている．同時に図 **A.2** に描画している．

**2.** ルンゲクッタ法，修正オイラー法を用いて個別に数値解を求め，各時刻での真の解との差を出力する．

```
#include <stdio.h>
#include <math.h>

double F(double);

int main()
{
```

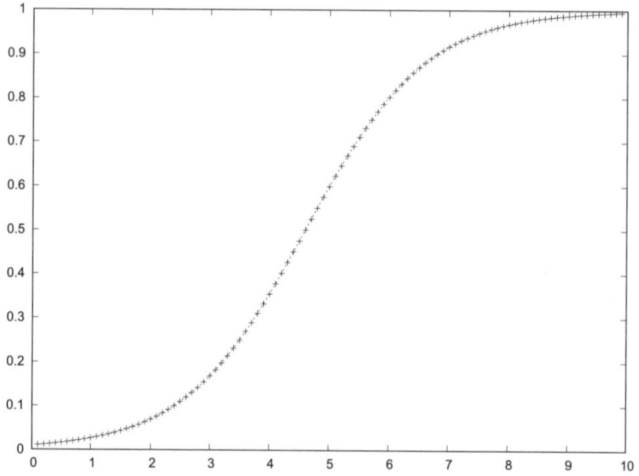


**図 A.2**　微分方程式 $f'(x) = f(x)(1 - f(x))$ の初期値 0.01 に関する数値解（+）．厳密解（破線）と重ねて描画した．

```
int i, n=100;
double h=0.1;
double k1,k2,k3,k4;
double f,g,errf,errg;

f=0.01;
g=f;
for( i=1; i < n; ++i ){
  k1=F(f);
  k2=F(f+k1*h/2);
  k3=F(f+k2*h/2);
  k4=F(f+k3*h);
  f=f+(k1+2*k2+2*k3+k4)*h/6;
  g=g+F(g+F(g)*h/2)*h;
  errf=fabs(f-1/(1+((1/0.01)-1)*exp(-h*i)));
  errg=fabs(g-1/(1+((1/0.01)-1)*exp(-h*i)));
  printf("%f %.10f %.10f\n", h*i, errf,errg);
```

```
  }
}
double F(double t)
{
  return( t*(1-t) );
}
```

また，各手法による誤差を図 **A.3** に示す．

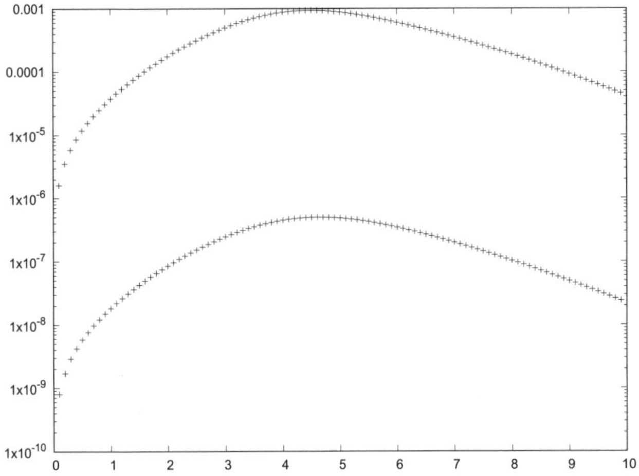


図 **A.3**　上側が差分法の修正，下側がルンゲクッタ法．各時刻においておよそ $10^3$ 程度の違いがある．$f(x)$ が大きく変化すると誤差も拡大する．

**3.**　ルンゲクッタ法の処理を C 言語の関数としてまとめ，数値解を配列に格納するプログラムを下記に与える．

```
#include <stdio.h>
void rk(double, double, int, double *);
double F(double);

int main()
{
```

```
#define N 100
  int i;
  double h=0.1;
  double y[N];
  rk(0.01, h, N, y);
  for(i=0; i<N; ++i){
    printf("%lf %lf\n",h*i, y[i]);
  }
}
void rk(double f0, double h, int T, double y[])
{
  int i;
  double k1,k2,k3,k4;
  double f;

  y[0]=f0;
  f=y[0];
  for( i=1; i < T; ++i ){
    k1=F(f);
    k2=F(f+k1*h/2);
    k3=F(f+k2*h/2);
    k4=F(f+k3*h);
    f=f+(k1+2*k2+2*k3+k4)*h/6;
    y[i]=f;
  }
}
double F(double t)
{
  return( t*(1-t) );
}
```

**4.** 非自励系のルンゲクッタ法を用いてプログラムを作成する．変数分離系になっており，解析的に解を求めることもできる．$\int \frac{f'(x)}{f(x)}dx = \int -x\,dx$ より，一般解は $f(x) = De^{-x^2}$ となる．プログラム例は次の通り．前問のように数値解を配列に格納している．

```
#include <stdio.h>

void rk(double, double, double, int, double *);
double F(double,double);

#define N 1000

int main()
{
  int i, n=N;
  double h=0.01;
  double y[N];
  double x,f;

  f=0.8;
  x=0.0;
  rk(x,f,h,n,y);
  for( i=0; i < n; ++i ){
    printf("%.10lf %.10lf\n", x, y[i]);
    x=x+h;
  }
}
double F(double x, double y)
{
  return( -x*y );
}
void rk(double x0, double f0, double h, int T,
       double y[])
{
  int i;
  double k1,k2,k3,k4;
  double x,f;
```

```
  x=x0;
  y[0]=f0;
  f=y[0];
  for( i=1; i < T; ++i ){
    k1=F(x,f);
    k2=F(x+h/2,f+k1*h/2);
    k3=F(x+h/2,f+k2*h/2);
    k4=F(x+h,f+k3*h);
    f=f+(k1+2*k2+2*k3+k4)*h/6;
    x=x+h;
    y[i]=f;
  }
}
```

**5.** 常微分方程式系のルンゲクッタ法を用いてプログラムを作成する．強制振動を表す $f''(x) + f(x) = \sin(\omega x)$ を変形した形の常微分方程式系になっている．プログラム例を次に示す．

```
#include <stdio.h>
#include <math.h>

void rk(double,double,double,double,int,
        double *,double *,double);
double F(double,double,double);
double G(double,double,double,double);

#define N 3000

int main()
{
  int i, n=N;
  double h=0.01;
  double w=1.1;
  double k1,k2,k3,k4;
```

```
  double l1,l2,l3,l4;
  double x,f,g;
  double y1[N],y2[N];

  f=0.8;
  g=0.8;
  x=0.0;
  rk(x,f,g,h,n,y1,y2,w);
  for( i=0; i < n; ++i ){
    printf("%.10lf %.10lf\n", y1[i],y2[i]);
    x=x+h;
  }
}
double F(double x, double f,double g)
{
  return( g );
}
double G(double x, double f,double g,double w)
{
  return( -f+sin(w*x) );
}
void rk(double x0, double f0, double g0, double h,
    int T, double y1[],double y2[],double w)
{
  int i;
  double k1,k2,k3,k4,l1,l2,l3,l4;
  double x,f,g;
  x=x0;
  y1[0]=f0;
  y2[0]=g0;
  f=y1[0];
  g=y2[0];
  for( i=1; i < T; ++i ){
```

```
    k1=F(x,f,g);
    l1=G(x,f,g,w);
    k2=F(x+h/2,f+k1*h/2,g+l1*h/2);
    l2=G(x+h/2,f+k1*h/2,g+l1*h/2,w);
    k3=F(x+h/2,f+k2*h/2,g+l2*h/2);
    l3=G(x+h/2,f+k2*h/2,g+l2*h/2,w);
    k4=F(x+h,f+k3*h,g+l3*h);
    l4=G(x+h,f+k3*h,g+l3*h,w);
    f=f+(k1+2*k2+2*k3+k4)*h/6;
    g=g+(l1+2*l2+2*l3+l4)*h/6;
    x=x+h;
    y1[i]=f;
    y2[i]=g;
  }
}
```

## 第 6 章　連立一次方程式

**1.** 消去法のプログラムに，得られた解が連立方程式を満たしていることを確認する処理を追加する．何通りかの処理を考えることができるが，一例を示す．

配列 `a[N][N]` に格納した係数行列は基本変形の結果として単位行列に変化しており，ベクトル `b[N]` の内容は連立一次方程式の解に変化している．従って，新しい配列 `a1[N][N]` に係数行列を格納しておき，得られた解に左から掛けた結果が `b[N]` の初期値になればよい．

次の宣言を変数宣言に追加する．配列 `c[N]` は解の確認処理の過程で用いる一時的な配列である．

```
double a1[N][N]={{1,1,1,2},{5,6,-1,5},
  {3,2,8,-2},{1,0,5,1}};
double c[N]={0,0,0,0};
```

次の処理を最後に追加する．

```
/* 解を確かめる */
for(i=0; i < N; ++i){
```

```
  for(j=0; j < N; ++j){
    c[i]+=a1[i][j]*b[j];
  }
  printf("%f\n",c[i]);
}
```

実行結果は次の通り．確かに配列 `b[N]` の初期値に等しい．

出力結果

```
1.000000
8.000000
11.000000
0.000000
```

**2.** ピボット選択を消去法に組み込む．消去法のプログラム例では，第 $k$ 行の処理の最初に対角成分 `a[k][k]` で割る処理が入る．この直前にピボット選択を行わなければならない．プログラム例としては次のようになる．

```
#include <stdio.h>
#include <math.h>
#define N 4
double a[N][N]={{1,2,3,1},{-1,-2,2,4},
            {4,2,-3,5},{5,-4,-3,1}};
double b[N]={10, 10, 2, 6};

void print();

int main()
{
  int i,j,k;
  int p;
  double max,tmp;
```

```
int n=N;

print();

for(k=0; k < N; ++k){
  p=k;
  max=fabs(a[k][k]);
  for(i=k+1; i < N; ++i){
    if( fabs(a[i][k]) > max ){
      p=i;
      max=fabs(a[i][k]);
    }
  }
  if( p != k ){
    for( j=k; j<N; ++j){
      tmp=a[k][j];
      a[k][j]=a[p][j];
      a[p][j]=tmp;
    }
    tmp=b[k]; b[k]=b[p]; b[p]=tmp;
  }

  b[k]=b[k]/a[k][k];
  for(j=N-1; j >= k; --j){
    a[k][j]=a[k][j]/a[k][k];
  }
  for(i=k+1; i < N; ++i){
    b[i]=b[i]-b[k]*a[i][k];
    for(j=N-1; j >= k; --j){
      a[i][j]=a[i][j]-a[k][j]*a[i][k];
    }
  }
```

```
    printf("k:%d\n",k);
    print();
  }

  for(j=N-1; j > 0; --j){
    for(i=j-1; i >= 0; --i){
      b[i] = b[i] - b[j]*a[i][j];
      a[i][j] = 0;
    }
  }
  printf("k:%d\n",k);
  print();
}

void print()
{
  int i,j;
  for(i=0; i < N; ++i){
    for(j=0; j < N; ++j){
      printf("%f\t", a[i][j]);
    }
    printf("%f\n",b[i]);
  }
}
```

**3.** ヤコビ法のプログラム例をそのまま実行し，出力結果が一致することを確認すればよい．

# 参 考 文 献


[1] 皆本晃弥『C 言語による数値計算入門』(サイエンス社, 2005)

C 言語による数値計算に関し, 完動するプログラムを掲載した使いやすい参考書. 計算機の数値表現に関しても詳細に解説している.

[2] W. H. Press 他著, 丹慶勝市 他訳『C 言語による数値計算のレシピ』(技術評論社, 1993)

広く読まれている数値計算の実装を含めた標準的な参考書.

[3] 佐藤次男, 中村理一郎『よくわかる数値計算 アルゴリズムと誤差評価の実際』(日刊工業新聞社, 2001)

誤差評価を詳細に解説した参考書である.

[4] 柳田英二, 中木達幸, 三村昌泰『数値計算』(裳華房, 2014)

比較的新しい参考書である.

[5] 森正武『数値解析 第 2 版』(共立出版, 2002)

[6] 伊理正夫, 藤野和健『数値計算の常識』(共立出版, 1985)

上記 2 冊は定評のある参考書である.

[7] 永井敏隆, 永井敦『線形代数』(裳華房, 2008)

理工系向けの線形代数として標準的な参考書.

[8] 川野日郎, 薩摩順吉, 四ツ谷晶二『微分積分 + 微分方程式』(裳華房, 2004)

微積分・微分方程式に関する理工系向けのわかりやすい参考書.

[9] 神保秀一『微分方程式概論 [新訂版]』(数理工学社, 2018)

本書で扱った微分方程式の理論面を学習できる.

[10] 横田博史『はじめての Maxima』(I・O Books, 2006)

Maxima の入門書. 著者による web ページも充実している.

[11] Bill Lubanovic 著, 斎藤康毅 監訳『入門 Python3』(オライリー・ジャパン, 2015)

本書では Python 自体の解説をしていないが, Python の入門として適切な参考書の一冊.

# 索　引

## あ 行



## か 行



## さ 行



## た 行



## な 行



## は 行

## ま 行



## や 行



## ら 行



## 欧字

## 著者略歴

**行《なみ》 木《き》 孝《たか》 夫《お》**

1992年　東京大学教養学部基礎科学科第一卒業
1994年　東京大学大学院数理科学研究科修士課程修了
2005年6月　博士（理学）北海道大学
現　在　北海道大学大学院理学研究院数学部門 教授


**主要著書**

量子ウォークの新展開（培風館，共著）


新・数理/工学ライブラリ [応用数学＝5]

**数値解析の初歩**
**－C 言語と数式処理系（Maxima, Python）による－**

2021 年　8　月 25 日 ©　　　　初　版　発　行

著　者　行 木 孝 夫　　　　発行者　矢 沢 和 俊
　　　　　　　　　　　　　印刷者　馬 場 信 幸
　　　　　　　　　　　　　製本者　小 西 恵 介

**【発行】　　株式会社　数　理　工　学　社**

〒151–0051 東京都渋谷区千駄ヶ谷 1 丁目 3 番 25 号
☎（03）5474–8661（代）　　サイエンスビル

**【発売】　　株式会社　サ　イ　エ　ン　ス　社**

〒151–0051 東京都渋谷区千駄ヶ谷 1 丁目 3 番 25 号
営業　☎（03）5474–8500（代）　振替 00170–7–2387
FAX　☎（03）5474–8900

印刷　三美印刷（株）　　製本　（株）ブックアート

《検印省略》





ISBN978-4-86481-076-0

PRINTED IN JAPAN